國際行銷

International Marketing Management

原理・策略・實務

許長田　教授　著

弘智文化事業有限公司

給教師、學生與讀者的一封電子郵件E-Mail

際此21世紀國際化競爭的驚爆新世代，企業行銷的商戰主軸即是企業國際行銷策略（International Marketing Strategies）與國際管理策略（International Management Strategies）的綜合戰力。因此，一流的行銷戰略高手必須具備國際觀（International Perspectives）與國際化策略（Internationalized Strategies）的謀略本領，再加上國際市場戰略與國際行銷管理的決勝策略，方能掌握「國際市場卡位贏的策略」（International Rollout Marketing Strategies），進而開創永續經營企業的國際行銷業績（International Marketing Turnover of Going Concern Business）。

沒有國際行銷策略企劃，就沒有國際企業行銷與國際市場生存空間。因此，成功的企業在開發國際市場之決勝關鍵即是綜合國際市作戰謀略的國際行銷企劃（International Marketing Planning）與國際行銷作戰團隊（International Marketing Forces Team）所整合而成的戰略性整合國際行銷商戰（Strategic & Integrated International Marketing）。

因此，國際行銷公司（International Marketing Corporation）若想邁入國際化或提昇其國際市場佔有率，則勢必將面臨下列三大基本課題：

（一）國際行銷策略（International Marketing Strategy）

1.目標市場（Target Market）
2.市場區隔（Market Segmentation）
3.國際行銷管理與執行（International Marketing Management & Implementation）

4.在目標市場直接行銷或透過代理商之問題（Direct Marketing or Agent Marketing）

5.代理商之行銷經驗能力與財力（Marketing Experience、Marketing Ability and Sufficient Capital）之問題

（二）國際行銷商品（International Merchandises）

1.國際商品之取得（自製、OEM、進口、代理、三角貿易或轉口貿易）

2.自創品牌OBM（Branding）之比例（通常由30％提高至70％）

3.OEM/ODM之比例（通常由70％降低至30％）

4.國際供應商之接洽管道與公關活動

（三）國際投資（International Investment）

1.合資經營（Joint Venture）

2.企業併購（Merger & Acquisition/M&A）

3.創投與風險管理（Venture Capital & Risk Management）

4.國際控股公司（International Holding Company）

作者：許長田　博士
Mobile:0910043948
E-Mail:hmaxwell@ms22.hinet.net
http://www.marketingstrategy.bigstep.com

全球行銷與國際行銷的差異定位與市場利基

全球行銷 Global Marketing	國際行銷 International Marketing
○ 全球經貿大作戰	● 國際貿易商戰
● 全球區域市場 （亞太市場、歐盟市場、大中華經貿市場）	● 世界各國個別市場 （美國市場、日本市場、台灣市場、大陸市場）
● 全球行銷通路	● 國際行銷通路
○ 全球運籌管理	● 國際物流管理
○ 全球品牌管理	● 國際品牌權益
○ 全球製造中心	● 以OEM/ODM為主要業務
○ 以OBM為主要業務	● 國際市場經營戰略決策
○ 全球區域市場攻略	● 國際行銷推廣策略
○ 全球行銷整合傳播策略	● 國際企業經營總部
○ Global CEO Team全球總裁高階經營團隊	

資料來源：許長田教授教學講義與PowerPoint Slide投影片
　　　　　1.文化大學
　　　　　2.英國萊斯特大學MBA Programme University of Leicester(UK)
　　　　　3.美國布蘭德科技大學「國際行銷」課程 "International Marketing"
　　　　http://www.marketingstrategy.bigstep.com

作者自序

際此21世紀全球知識經濟勁爆的新世代，企業國際化與全球化的商戰秘訣即是全球經貿策略（Global Economy & Trade Strategies）與國際行銷實戰操作（International Marketing Realcombat Operation）的統合戰力，因此，一流的國際行銷高手必須具備國際行銷商戰與全球經貿的實戰本領，方能掌握『贏的策略』進而開創跨國企業永續經營的績效。

以企業國際化的角度而言，台灣市場的確是全球最特殊的穿梭市場（Shuttling Market），無論在國際經貿、國際行銷OEM Business、跨國企業、企業再造、電子商務、網路行銷、資訊科技（Information Technology）以及國際投資等各方面，都是企業國際化當務之急的課題。然而，為了確保台灣進入WTO（世界貿易組織）以及因應APEC（亞太經濟合作組織）會議的實戰謀略，作者即將多年來在國際行銷與全球經貿中所累積的實戰經驗與實力，將本書內容展現公開，以建構『國際行銷戰略』（International Marketing Strategies）的競爭力；本書主要宗旨在闡述國際行銷的機制與獨特的國際行銷作戰技能，以建立台灣企業國際化與全球化的利基。

本書寫作的架構分為

第一篇　國際行銷戰略論　Strategic International Marketing
　　　Chapter 1　國際行銷總論
　　　Chapter 2　國際市場競爭策略
　　　Chapter 3　國際行銷研究
　　　Chapter 4　國際行銷願景管理

　　正當二十一世紀全球各國均以全球經貿與國際財經為決勝舞台之際，台灣已經於公元2001年11月進入世界貿易組織（WTO），全球跨國企業大多將以台灣為核心國際行銷中心（Core International Marketing Center）以利其多國籍。

　　企業國際行銷的運作與推廣，筆者有幸能在台灣與大陸等全球華人進入WTO之際撰寫並出版有關國際行銷的實戰書籍，實為恭逢其時。因此，本書訂名為『國際行銷』（International Marketing），內容有許均為新資料與新創見。

　　筆者在大學、企業界與企管顧問公司教授國際行銷與國際企業

管理並在企業界擔任總經理與CEO總裁歷時多年，深知欲強化國際行銷的最佳策略必須著『國際行銷文化』與『全球資源整合』。因此，本書整合作者多年來之教學講義、演講稿、教學PowerPoint Slide投影片、電腦磁碟片、CD-ROM光碟、所屬自己經營公司的寶貴資料以及指導國內外企業界之實戰經驗，分析共敘述國際行銷之內涵管理（Content Management for International Marketing），以饗讀者！舉凡大專院校，研究所研究生、MBA、EMBA以及工商企業界都可選購以利教學研究與參考應用。

本書承 弘智文化出版有限公司 李茂興 兄、以及編輯部所有同仁鼎力協助終能付梓，倍感欣慰，在此特致萬分謝忱！

最後，筆者個人學有不逮，才疏學淺，倘有掛漏之處，敬請賢達指教，有以教之！

許長田 博士 謹識於
文化大學 Chinese Culture University
MBA Programme University of Leicester(UK)

推薦序

正當國際行銷跨越二十一世紀之際，國際經貿活動亦隨著國際企業經營之脈動而強化國際行銷戰力與策略性國際行銷規劃。因此，跨國企業成功之秘訣係取決於國際市場行銷的經營戰略與國際行銷策略，並且重視顧客式的國際行銷（Customer Satisfaction for International Marketing）所企劃的策略性解決方案與國際行銷資源的整合。因此，『企業國際化』的創意、規劃與執行必須著重國際目標市場競合與國際行銷源整合的全方位作戰方案。

在這個國際化企業行銷導向的時代，多國籍企業最重要的行銷決策就是要整合國際目標市場的利基與資源來擬訂各項國際行銷策略；而開發國際市場是要講求戰略、競爭與戰術的統合運作。更進一步而言，國際目標市場的選擇必須考量下列幾種因素：第一、國際區隔市場環境變動的趨勢。第二、國際市場競爭態勢。第三、國際利基市場行銷作戰資源。

因此，密友 許長田 博士在本書中特別強調策略性國際行銷資源的整合（The Resources Integration for Strategic International Marketing）。唯有以策略性思惟國際行銷作戰的資源運用，方能將國際行銷策略規劃並整合成為動態的國際市場經貿活動。換句話說，這樣才能在激烈的國際市場競爭環境中掌握企業國際化再定位的經營利基與優勢。

許長田教授係多年密友，其為擁有企管博士學位之學者，並專研『市場行銷』（Marketing）、『行銷策略』（Marketing Strategies）、『行銷企劃』（Marketing Planning）、『策略管理』（Strategic Management）、『企業策略』（Business Strategies）、『國際企業管理』（International Business Management）、『企業再造工程』（Business

Reengineering）與『國際行銷』（International Marketing）等專業領域，無論教學與指導企業國際行銷國案方面都是獨樹一格，特別是其見解與策略更是獨到之處，國內許多企業（包括本企業集團）經許長田教授指導後，均能提昇其行銷業績與市場佔有率並成功地將企業國際化。

　　這本新書的書名訂為『國際行銷』"International Marketing"，本人認為恰好可以註解書中內容所提到的國際行銷理念與策略規劃；那就是『國際行銷係策略性的國際區隔市場思惟與國際化策略』。書中有一段所提到的『市場國際化與經營國際化正是在這個知識經濟時代的企業必須轉型為國際化的標竿』。換句括說，這就國際行銷策略能否執行成與強化企業國際化績效的關鍵成功因素（Key Success Factors/KSF）。

　　因此，本人特為此教科書作序，並推薦學校與企業界共同分享！

陳宏偉　教授
菲律賓亞洲管理學院（AIM）
Feb. 15. 2004

目　錄

36,453,170

71,115,483.

5,100,428

35,373,058

71,635,307

58,760,094

6,846,786

第一篇

國際行銷戰略論
Strategic International Marketing

第一章 國際行銷總論

International Marketing

本章學習目標
e-Learning Objective

- 瞭解國際行銷總體架構與內涵

- 瞭解國際行銷市場規模與市場佔有率之評估技巧

- 瞭解美國特別三○一條款（Special 301 Act）之意義與對台灣經貿活動之影響

- 瞭解國內行銷、國際行銷與全球行銷之差異

- 瞭解台灣應成為亞太營運中心之穿梭市場及其運作之功能。

第一節　國際市場環境總論

學習國際行銷主要目標在國際行銷技術與做成行銷決策。本書立論之前提係有鑑於目前國際性之市場界限將逐漸消失,而企業界之行銷人員必須運用全方位整體性之國際行銷策略與系統化之方法,衡量上述變化之發展,以便尋求國際化之行銷機會。

　　為了方便作國際行銷規劃,本書之探討係將整個世界市場視為一個全球目標市場,並劃分為若干個區域市場,運用國際市場區隔之方式,進軍各區域市場。有志於在國際行銷上達致成就之國際行銷人員,必須以國際市場為著眼點,而應從當地目標市場之開發為出發點,亦即著眼國際市場,進軍世界各區域目標市場。

　　在開發國際市場時,國際行銷人員必須思考下列各種重要課題:

　　1.如何尋求新市場以取代已飽和之市場?

　　2.如何配合新市場之需求,以企劃產品上市國際市場?

　　3.世界各目標市場之顧客需要哪些國際產品?

　　4.開發新客戶之最佳途徑為何?

　　5.何種是最適當的國際行銷訂價策略?

　　6.哪些是能使國際顧客獲得最佳服務的國際行銷通路?

　　7.最適於國際行銷之推廣策略有哪幾種型態?

　　8.如何突破國際行銷計劃實施中所面臨之障礙?

　　進一步而言,國際市場之特性以各區域市場或貿易協定之聯盟國市場為主要目標區隔,因此,國際行銷人員在研究國際市場時,應著重在國際市場分析之技術,並將各區域目標市場加以區隔定位。如此,國際行銷之成果方能立竿見影。因此,在國際市場分析之技巧中,較獨特的是分析相對市場潛力及市場規模。市場規模為

單一特定產品，係在一年當中，進軍國際市場之全部生產量＋進口量－出口量所得出的結果。茲將計算公式詳列如下：

市場規模（Market Scale）
＝生產量（Production）**＋進口量**（Import）**－出口量**（Export）

假如進口量與出口量均為零（亦即全年當中並無進口貿易與出口貿易），則市場規模即等於當地目標市場之生產量，亦即當地國際目標市場潛力有此種市場規模（Market Potential Makes Out The Market Scale）。

在國際經濟情報化、國際貿易自由化、國際行銷策略化的導向下，我國對外貿易愈來愈發達，也愈來愈艱辛。因此，為突破國際市場的保護障礙，我國國際貿易的經營，也應由傳統式的「市場被動」改變為開發式的「市場主動」之實戰策略，方能在國際市場的舞台上立足與發展。

正因為如此，「國際市場研究」（International Market Research）與「國際市場開發」（International Market Promotion）就成為滲透國際市場唯一的「贏的策略」。我國業者要成功地進軍國際市場，必須深入瞭解國際市場需求及其市場特性，再加上企劃擬訂國際市場開發策略，方能主宰國際市場的情報與動態，進而能成功地開發國際目標市場的貿易與賺取國際行銷利潤。

成功的國際行銷策略最基本的要素之一就是資訊。國際行銷人員必須審視整個世界，尋找市場機會與市場威脅。審視的兩個同等重要的方式是監控與搜尋資訊，這些都需要仔細注意、設計及管理，方能達致預期的效果。

在經濟部國貿局鼓勵我國出口廠商分散外銷市場與新台幣不斷升值之際，除了「美國市場」外，業者應將外銷目標分散到「日本市場」、「歐盟市場」、「澳洲市場」、「中東市場」、「中南美洲市

場」、「非洲市場」，因為台幣雖對美元升值30%，但仍對日幣及歐盟貨幣（歐元Eurodollar €）貶值25%。雖然美國要求開放台灣市場的保護主義影響我國對美國輸出數量·（註：美國以特別三〇一條款向我國提出開放台灣市場）但是，只要我國開放市場，美國是不會在意向台灣採購的貿易金額，美國仍然很喜歡我國產品。（據統計，每三個美國人當中，就有一人頭戴台灣製帽子，腳穿台灣製鞋子）。因此，在國際市場經營的新市場區隔理念下，上述「美國市場」、「日本市場」、「歐盟市場」、「澳洲市場」的貿易量與市場需求最大，購買力也最強，市場潛力雄厚。

第二節　國際行銷之意義

在研究國際行銷之前，我們必須先將國際行銷的意義及其運作實務，做一番的認識。誠然因為目前各家對國際行銷所探討之內容，以及對國際行銷的看法與定義均有所出入。

美國行銷學會（American Marketing Association／AMA）在1985年將國際行銷定義如下：「以多國籍企業規劃並執行創意、產品與服務的概念化、訂價、促銷與配銷活動，並透過交換過程以滿足個人與組識的目標。」此項定義表示國際行銷活動，係國與國之間的跨國企業所進行的行銷活動，並說明當事國家間的行銷活動彼此可互相協調與整合。

美國舊金山州立大學教授艾德溫·杜爾博士將國際行銷定義為：「將國際企業之產品與服務有關的規劃、促銷活動、配銷通路、訂價策略、服務等作市場推廣，以滿足消費者的需求。」該項定義包含下列諸項企業活動：

1.市場分析與潛在市場研究。

2.將消費者所需要的產品或服務，加以規劃以滿足顧客適當的需要。

3.產品的推廣活動，包括廣告與人員實戰推銷，以滿足不同顧客有不同層面的需要。

本書作者許長田教授認為以上兩種國際行銷之定義，均顯混淆不清，故以突破創新的理念與實戰經驗配合，特將國際行銷之定義詳述如下：

International Marketing is what you plan to do to bring your products and services into target market with market segment and market niche successfully.

國際行銷即是「國際企業如何將國際商品，以國際市場區隔的技術與方法，佔據國際市場利基，並將產品與服務很成功地切入國際目標市場。」

因此，將上述之國際行銷定義整理歸納，可綜合下列幾種內涵：

1.國際市場定位
2.國際商品定位
3.國際目標市場
4.國際市場競爭態勢
5.國際商品開發策略
6.國際商品訂價策略
7.國際商品通路策略
8.國際商品推廣策略
9.國際行銷之競爭策略
10.跨國企業之行銷管理

國際行銷活動發展至最複雜之階段時，可能在多個外國市場進行上述全部行銷活動。規模甚小之出口商亦能承擔國際行銷業務之角色，但其經營範圍將侷限於將產品供銷至某些外國市場而已。如該出口廠商為其產品之海外市場拓銷而參與訂價、促銷以及其他行銷活動，則其在海外市場之行銷業務將為其增強國際市場競爭地位。

茲以表1-1表示國內行銷與國際行銷之差異如下：

表1-1

國　內　行　銷	國　際　行　銷
●使用本國語言文字容易溝通	●使用不同的外國語言文字
●本國金融制度相同	●各國外匯貿易管制的限制
●本國企業文化較少差異	●各國企業文化之差異
●適用本國法律	●各國法律、風俗習慣之不同
●距離近，行銷業務溝通容易	●距離遙遠，交涉接洽費時且不易
●貨物、信用、運輸較少風險	●貨物的風險，信用風險、運輸風險複雜

第三節　國際貿易與國際行銷之差異

國際貿易（International Trade）係指超越國境之買賣（貿）或交換（易）。今日從事國際貿易實在是一種最新穎、最複雜、最刺激又最具風險之行業。（International Trade is the professions of the newest、most complicated, exciting and risky business）。

國際貿易的發生係導源於世界各國因經濟地理條件與人文地理條件之不同，生產因素之差異，及形成國際產業分工，以「比較利益」之原則，從事專業生產，再各以其所餘「互通有無」以換取所

需之產品或勞務。

　　然而，由於國際貿易是一種動態的行業，再加上國際市場環境變化迅速，國際市場機會稍縱即逝，國際市場情報與動態主宰了國際貿易商戰策略。因此，今天想要在國際市場的舞台上立足與發展，其成功有效之「贏的策略」將是「國際貿易」與「國際行銷」的雙重大出擊。

　　正因為國際行銷（International Marketing）活動首重「市場研究」（Market Research）與「市場開發」（Market Promotion），因此，現今與未來從事國際行銷實戰作業（International Marketing Practice & Operations）必須深入瞭解國際市場需求與擬訂國際市場開發策略。

　　茲以表1-2表示國際貿易與國際行銷之差異如下：

表1-2　國際貿易與國際行銷之差異

國際貿易 （International Trading）	國際行銷 （International Marketing ）
●比較利益 ●互通有無 ●各國保市場 ●容易掀起貿易戰爭	●市場研究 ●市場開發 ●各國將逐漸開放市場 ●各國相互以OEM（註）方式合作

附註　OEM：係英文Original Equipment Manufacturing之縮寫，中文意義為「原廠委託製造」或「來樣訂單生產」勉強稱為「來樣代工」。
　　　　　因為稱為「代工」是一大錯誤與無知，才造成現在國內各家OEM廠被外商殺價都無利潤可言。

個案研究

GM通用汽車公司的國際行銷策略

（一）經營戰略：

● 採取國際化的戰略，向世界進軍

● 改變傳統性的組織型態

● 開發世界級汽車，車種趨向小型化、輕量化

（二）簡介：

General Motors 為世界最大之汽車企業。1979年總銷售額為六百六十三億一千一百二十萬美元，總資產為三百二十二億一千五百八十萬美元，純利潤為二十八億九千二百七十萬美元。從業員工數為八十五萬三千人。1978年汽車年生產量為九百八萬二千輛，其中在美國、加拿大為七百七十三萬一千五百二十四輛。Fortune雜誌所列全美企業排名，在1978年以前一直為第一位，惟於1979年降為第二位，僅次於Exxon公司。

（三）企劃性的戰略轉變：

隸屬於General Motors（以下簡稱GM公司）總公司的海外事業本部，於1978年3月撤銷，而所有該公司海外事業活動，另成立地區別組織，且全部仍直屬總公司，此項決策是企劃性的戰略轉變，有其深遠的意義。

本來被稱為GMOO（Overseas Operations）的海外事業本部，係遠在1934年所成立的。該公司本次毅然決然的撤銷該組織，反映著該公司面臨1980年代，有意超越一般「多國籍企業」時代，採取世界性戰略，成為更前進的全球性企業。

而且，更值得注意的是，這種企劃性的戰略轉變與跟隨著組織型態上的重整，亦使該公司長久以來不景氣現象重新振作，恢復以往的活力。事業上，GM公司在1977年就銷售額及利潤額來說，曾打破史上最高記錄，美國汽車市場的佔有率恢復至40%～57%。

具體言，GM公司戰略的轉變為：

第一，為了要使其成為「世界的汽車」（World Car），GM公司發表了決

定要開發屬於小型車種（Mini-Car）的雪佛蘭車型（Chevrolet）。

第二，本來一直堅持生產大型車種的GM公司，開始改變計劃生產小型化、輕量化車種，並已進入實施階段，這種號稱為「美國企業史上最大的賭注」的計劃，當時估計將投入一百五十億美元的龐大資金。

（四）在石油危機以前即已著手研究：

這種策略上的變更，就GM公司這樣大的巨大型公司而言，並非突然隨便就可決定的，事實上，該公司高階經營者，於1971年成立能源對策委員會，1973年3月提出報告。產品政策部分即據此報告，於1973年4月決定實施車型的小型化、輕量化。換包話說，在石油危機發生之後，GM公司即制定了改變基本政策的措施，這是值得注意的事。

於1974年，GM公司車政權交替，董事長馬費與總經理柯比即在此時接任。他們在中東戰爭開始後不久，即全面將檢討過的計劃按步就班的付諸實施。亦即在1976年秋將977年型的大型車，以及在1977年將1078年型的中型車等型別的決定儘量使其趨向小型化。

但是，就GM公司來說，其前途並非平坦的。就環繞美國汽車業界的環境而言，近年來發生了很大的變化。

第一，美國政府對汽車業界的約束日漸加強。例如，大氣污染的防止能源節省等政府的干涉。GM公司前任董事長加斯登巴克曾做如下的抱怨：「如今，政府對本公司的產品設計、製造、檢查、廣告、產品品質保證、修理、從業員補償，甚至產品售價與有關事項，都給予干涉，並握有某一程度的發言權」，這足以說明目前美國汽車業的現況。

第二，由於市場發生變化，致國內汽車成長率呈現緩慢。亦就是美國國內市場呈現飽和狀態，人口出生率降低，汽車成本高漲，致美國人民對汽車的價值觀發生變化，最後帶來了需求停滯的現象。

第三，輸入小型車種（特別是自日本）帶來了嚴重威脅。在底特律，多年來一直堅持生產大型車種的GM公司，以往一直採取輕視小型車種存在的態度。但是，如今自國外輸入美國的進口車輛高佔國內市場20%。這當然就不允許GM公司再度忽視。因此，不得不迫使GM公司致力於開發小型車，以藉此驅走進口車輛。

第四，不到幾年，以往V8引擎的大型車輛已不再在道路行駛了，但是它與小型車相較，生產小型車較不合算，因為就生產每一輛小型車的利潤而言，它只不過是大型車的三分之一或四分之一而已。因此，面臨此種情景，不管是汽車廠商或經銷商，如今都無法像過去那樣獲得高的利潤。

最後，車輛的小型化與輕量化須花費龐大的資金。據公司當局的推測，過去二十年間在底特律曾花費六百億美元的設備投資，但僅在今後十年內即需花費相同的六百億美元。

（五）設計上有了大幅度的變更：

如此，美國汽車業界史無前例的面臨了危機。就GM公司而言，亦絕不允許有樂觀的看法。正是因為如此，在面臨此種困境下，GM公司才擬出戰略，轉變措施。本來，就汽車廠商而言，對於將來所有實施的計劃，經常是伴隨著極大風險的。譬如，推出新型車種，需要經過漫長的歲月，月消費者偏好預測又極不易等等。如今，該公司又面臨要擬訂1980年代的戰略計劃。事實上，該公司在1976年秋季已實施車種的小型化、輕量化計劃之第一階段，亦即將原來大型車種車體的小型化、輕量化計劃之第一階段，在將原來大型車種車體長度縮短三十公分時，GM首腦即膽心消費者究竟是否接受這種變化。

競爭對手的Ford（福特）汽車公司，在小型車方面，以往一直領先GM公司，福特公司此時則認為是一好時機，反而致力於發展大型車。然而，就到1985年為止，GM公司所擬訂的小型化、輕量化計劃內容來看，可知GM公司幹部們已經體認到「汽車的設計方面，與過去情況相較，今後數年內將發生根本上的變化」的真意。

至1985年最具典型與代表性的GM公司車種，可說並非屬於大型、豪華的Cadilac車種，而將成為一千四百公斤，一公升汽油可行走12.1哩，裝有高速自動變速器等之輕型車種。

大體上言，1985年GM公司車種的形象如上述。惟就車種而言，現有的大型、中型、輕便型、精巧型等型，將不會變化。惟各車種間生產所佔比例將會發生小幅度變化。亦即大型車將從現有的32%降至28%，中型車將由41%降至38%，而輕便型車則從13%增至16%，精巧型車則從13%增至17%，其

他為1%則不變。但是，就車輛重量言，現在一部二千零三十七公斤者，於1985年計劃將降低至一千六百一十公斤，中型車則自一千九百二十三公斤降至一千三百九十三公斤，輕便型車則自一千七百七十五公斤降至一千二百八十四公斤，精巧型車則自一千五百五十一公斤降至一千二百六十二公斤。

（六）積極推展多國籍企業：

這種徹底的實施車型小型化與輕量化政策，固然是在配合美國政府所設定的，於1985年汽車業必須使一公升汽油行走11.6哩的汽車基準目標，但重要的是GM公司對此並不做認真的考慮。

GM公司以往一直對社會的一般反應並不太關心或在意，而且對多國籍企業的發展亦不積極。其企業體質上，主要偏重在其國內與企業內部事務的發展，但是，如今該公司毅然決然的改變了傳統性的組織型態，對公司的組織勇敢的做了重新的檢討，譬如車型小型化、輕量化等戰略上的轉變，以及海外事業部的廢棄改組，積極趨向多國籍企業的發展等等，都意味著GM公司向前推進的意志，值得吾人注意。

資料來源：《世界大企業八○年代的戰略》，日本東洋大學山崎清教授編著。

討論課題

本章個案問題研討（Group Discussion）

1. 台灣高科技產業的核心競爭力（Core Competence）應如何引爆全球經貿與國際財經的資源整合，以達成企業全球化的再造工程，試以行銷、研發、財務、製造、人力資源、經營管理、經營理念、企業文化與CEO策略等領域分組研討整合策略（Integrated Strategies）！

2. 何種因素為支持國際企業成長的主要動力？目前這些動力的強度及方向如何？

3. 您認為以下列國家為國際行銷基地的公司，短期內面對的國際市場機會為何？

    （1）美國（2）法國（3）德國（4）日本（5）新加坡（6）香港（7）韓國（8）台灣（9）中國大陸（10）加拿大（11）英國

4. 您認為亞洲四小龍（Four Little Dragons）何者為亞太營運中心最佳之基地據點市場（Base Market）？原因何在？

    （1）台灣（2）香港（3）新加坡（4）韓國

5. 台灣應在哪些方面加緊努力，以成為亞太營運中心，擔負起國際行銷之穿梭市場（Shuttling Market）的任務？

茲將影響國際行銷之戰略決策（Strategic Decision）與關鍵成功因素（Key Success Factors/KSF）以圖再詳細敘述如下：

國際行銷之戰略決策與關鍵成功因素圖

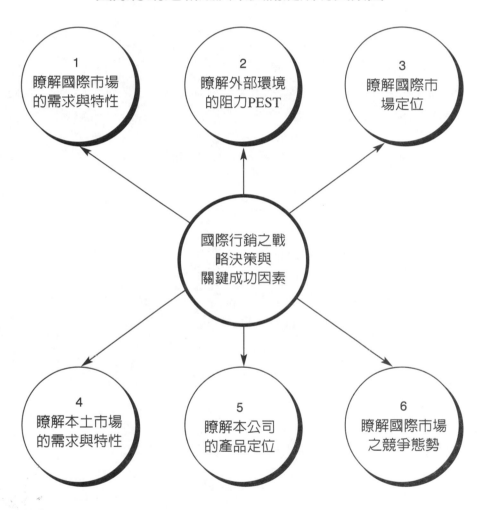

資料來源：摘錄自好友陳宏偉教授著「國際行銷」"International Marketing"by John Lee Tam P.120 2004 許長田教授重新修訂與補充

1.文化大學

2.英國萊斯特大學MBA Programme University of Leicester(UK)

http://www.marketingstrategy.bigstep.com

第二章 國際市場競爭策略

本章學習目標
e-Learning Objective

- 瞭解國際經貿活動是以國際行銷為市場主軸。

- 瞭解國際行銷之意義及其內涵。

- 瞭解亞洲四小龍在國際經貿活動之重要角色與市場功能。

- 瞭解國際市場戰略、戰術與理念架構。

- 瞭解國際企業與國際投資之意義與內涵。

- 瞭解多國籍企業行銷之理念與作戰架構。

企業跨國經營已成爲影響企業營運的最重要趨勢。無論是實力雄厚的大企業或是中小企業均紛紛跨出海外。近年來我國許多中小企業陸續前往東南亞及大陸設廠;「台灣接單、大陸生產、香港轉口、國際行銷」更成爲一種新的經營模式。此外,大企業到歐洲設立據點者,亦隨著歐盟(European Union/EU)的整合,潮漸蔚爲風氣。

跨國企業的營運中,國際行銷是項複雜、多變且極爲重要的功能活動。許多國內外的行銷學者認爲,由於台灣許多產業過去只重視製造技術能力的提昇,而忽略了在國際市場中創立自有品牌、建立行銷通路及廣告促銷產品等各種國際行銷活動;因此,當國外的代理商或採購者將訂單移往其他國家時,這些產業的生存更面臨極大的危機。本章將就如何評估國際行銷環境、決定進入哪些國際市場、如何進入國際市場、擬定行銷方案與組織及國際行銷之未來發展等問題分別詳述。

第一節　國際行銷環境之意義與特質

在談國際行銷之前,我們必須先了解下列名詞之定義:

■ 全球性產業(Global Industry)

係指該產業在某個特定地區或國家市場的競爭者,其策略性地位往往會受到他們在全球整體地位的影響。

■ 全球性公司(Global Firm)

係指藉由在一個以上國家營業,以獲得研發、生產、行銷及財

務等方面利益的公司。

國際行銷乃進行各種企業活動,將企業的各式產品或服務,引導到多個國家的顧客或市場者。事實上,國際行銷的基本原理與一般行銷學並無太大差異,唯國際行銷已跨越國界,更重視國際企業如何在不同的國際行銷環境及複雜的國際市場型態中,規劃其國際行銷策略,發展其國際行銷組織,以達成其國際行銷之目標。

總而言之,國際行銷具有下列特質:

■ 國際行銷與國內行銷的功能極為相似,最大不同點即為國際行銷之活動範圍應在一個國家以上。

■ 國際行銷強週各國環境之差異,行銷人員必須依據各國之特性,以便對其行銷策略做適度的調整。

■ 國際行銷須強調各個國家市場行銷策略之協調與整合,以產生相輔相成之行銷績效。

企業將營業活動擴充到海外各國的理由相當多,這些理由皆與企業本身之利益有相當密切的關係,其最終目的均在於「創造利潤」。所以企業從事國際行銷之動機可師納如下:

■ 提高企業之收益及利潤。

■ 尋找新市場以消化企業產能。

■ 維持銷貨及生產之穩定。

■ 利用國外的原料、勞力、技術、及資源等。

基於上述理由,大多數企業均走向國際化經營,但仍有部分企業放棄此項做法,原因在於:

■ 地主國政府對外商設下種種管制,諸如須與該國境內廠商合資,僱用國內員工及限制其利潤匯回母國。

■ 地主國或輸入政府常以高關稅或貿易障礙來保證該國的產業。

■ 各國之貪污風氣愈盛。

■ 政治不穩定之地主國對企業造成不確定風險極高。
■ 與無外交關係國家發生貿易、投資糾紛時，談判途徑複雜困難。

第二節　國際行銷環境之評估

企業在決定向國外發展之前，必須對許多新的問題有所認知，亦即企業應深入瞭解國際行銷的環境。二十一世紀的國際行銷環境具有下列三現象：

■ 全球性貿易與投資急速成長，加上東歐、中國、蘇聯等地區的開放，更帶來深具吸引力的廣大市場。
■ 國際金融體系日趨複雜且脆弱。
■ 集團經濟的演進與貿易壁壘（貿易障礙Trade Barriers）與日俱增。

在評估國際行銷環境之前，國際行銷人才（International Marketers）必須事先瞭解有關國際經貿活動之組織或國際區域市場之經貿聯盟，尤其更應深入探討國際貿易組織與關稅同盟之現況，方能評估國際行銷環境。

國際貿易體系（International Trade System）

欲向國外發展的企業，必須對國際貿易體系有所認知。公司在進行國際貿易時，皆會面臨各種不同的貿易管制，例如關稅障礙（Tariff Barriers）、貿易障礙（Trade Barriers）設限／配額（Quota）。

■ 關稅（Tariff）

各國政府對特定進口貨品所徵收的一種稅捐。依不同的目的又可分爲：

1. 財政關稅：係增加該國政府之財政收入。
2. 保護關稅：爲保護該國境內的產業，所課徵的政策性關稅。

■ 配額設限（Quota）

係指輸入國針對其某些特定產品的進口數量加以設限，以減少外匯支出、保障國內工業及增加就業機會。此種措施係政策性貿易壁壘（貿易障礙），並不是自由貿易的典範。

■ 禁運（Embargo）

即配額管制之最大限度，一旦對他國實施禁運，該國之產品將一律禁止進口。此種措施係掀起國際貿易戰爭的前奏。

■ 外匯管制（Foreign Exchange Control） 係限制外匯申請額度及匯率。

■ 其他貿易制度

1. 實施嚴格之產品檢驗標準或檢驗程序，如EX之ISO-9000、ISO-9001、ISO 9002、ISO-9003、ISO-9004、ISO-1400等認證。
2. 標示產地國及原製造廠。
3. 特殊食品及藥物之法則。

第三節　國際區域經濟組織（International Regional Economy Organization）

近年來，各國為拓展貿易，進而發展出一些區域性之貿易組織。參與其中之國家，透過區域性貿易組織採取經濟之合作，消除國際間對輸出入貿易的一切人為限制，以加強參與國彼此間商品之流通。主要目標包括：

■ 解除關稅壁壘。

■ 消除輸入限額。

■ 消弭對資本與勞力移動之限制。

■促使生產資源能相互交流，以達最佳效用。

■ 經由各國市場之整合以產生規模經齊之利益，進而提昇國際競爭力與改善本國之國際收支。

■ 增加消費者對各國商品之選擇機會。

區域經濟組織視其經濟結合程度與相互依存關係，可分為下列各種策略聯盟之組織型態：

■ 自由貿易區（Free Trade Zone）

其結合程度較小，參與國對於商品及勞務移動的一切人為限制均須取消，但仍可維持自己的關稅輸入限額及對非參與國的其他貿易管制。現今較著名的自由貿易區計有：歐洲自由貿易協會（EFTA）及拉丁美洲結合協會（LAIA）等。

■ 關稅同盟（Customs Union）

係結合程度較自由貿易區大的國際合作組織。其不僅完全取消

同盟內部各國間的貿易關稅及輸入限額；此外，對於來自非同盟國的貨物輸入，訂定相同的關稅，關稅收入則按參與國所同意的比例加以分配。

■ 共同市場或經濟同盟（Common Market Economic Community）

此為結合程度最大的區域合作。共同市場促使各會員國對貿易規定能有標準化的做法。目前較著名的共市場包括：歐洲共同市場（European Common Market）、安地斯共同市場（ANCOM）、中美洲共同市場（CACM）、勒比海共同市場（CNCOM）、東非共同市場（EAEC）及東南亞國家協會（ASWAN）等。

本章以歐洲共同市場為例，加以說明共同市場的概況：

歐洲共同市場，簡稱歐市，由於組織運作良好，歐市成員由六個原始會員國，擴大為現今十二個會員國。由關稅同盟開始，進而建立共同經貿政策，使之成為當今經貿實力獨步全球的經濟聯盟。

■ 整合背景

其尋求統合之誘因有二：一為政治安全；另一為經濟貿易。在經貿上，由於非關稅障礙，造成歐洲市場分裂區隔之成本相當可觀，鑑於其成本鉅大，若能撤除各種實體障礙、技術障礙及財政上障礙，對於歐市各國之繁榮與經濟成長實可產生莫大貢獻。

■ 整合特性

1.會員國雖由各民族、國家組合而成，但彼此間尋求共識，優於外在約束、經長期調整經濟結構而成。

2.歐洲各國有類似之發展程度，彼此可開放市場，以增加產業貿易，而無須付出大量產業結構調整成本。

3.歐市整合必然伴隨發生聚集效果，而產生「富國愈富、貧國愈貧」之現象，故有補償制度之建立，以減少工人與資金流向特定地區之損失。例如：西班牙要求補償以彌補該國工人遷至其他高工資國家之損失。

■ 整合後之功能

1.生產毛額提高。

2.就業機會增加。

3.通貨膨脹降低。

4.談判實力增強。

5.經濟更趨繁榮。

■ 歐整合對我經貿投資之意義

1.歐市提供一個龐大而有潛力之市場及技術來源，我國廠商應將貿易重點移轉至歐市，如此，可降低對美國市場之依賴，並增加外銷日本市場，甚至其他亞洲市場之潛力。

2.我國廠商應積極前往歐市投資，以獲取廣大市場機會及避開貿易壁壘；此外，直接投資尚有降低運輸費用、享有當地政府獎勵投資優惠之優點。

政治環境

企業主可藉由下列幾項，判斷一個國家的政治環境：

■ 政府型態。

■ 該國之政黨運作。
■ 政府之行政效率及清廉程度。
■ 該國國民感情及意識型態。
■ 該國之政治穩定性。

文化環境

每個國家均擁有獨特的民俗、規範和禁忌；有鑑於此，銷售人在規劃行銷方案之前，必須充分瞭解外國消費者對產品的想法及其使用情形。此外，國際行銷者可依下列因素加以探討該國的文化環境：

■ 社會組織。
■ 國家教育制度。
■ 宗教信仰。
■ 生活態度與價值觀。
■ 語言文字。
■ 藝術及審美觀。

第四節　進入國際目標市場之策略

當企業主評估國際市場環境並決定進行國際行銷之後，公司應先設定其國際行銷的目標及政策。第一、企業須決定其海外營收應佔總營業額多大比例；第二、企業須決其要在少數國家或多數國家進行行銷活動。最後，企業必須決定其所要拓展市場的國家類型。

此外，可能的國際市場可依據若干標準加以評估，例如：
■ 市場大小。

■ 市場成長。

■ 營運成本。

■ 競爭優勢。

■ 風險大小。

　　企業亦可利用下表所示的評核指標,加以評估各市場潛力,而後企業主必須決定哪個市場提供的長期投資報酬率最大。

表2-1　國際市場潛力之指標

1.人口特性	4.技術因素
●人口的多寡 ●人口的成長率 ●都市化的程度 ●人口密度 ●人口的年齡結構及組織	●技術水準 ●目前的生產技術 ●目前的消費狀況 ●教育水準
2.地理特性	5.社會文化因素
●國家的面積 ●地形的特性 ●氣候條件	●價值觀 ●生活型態 ●種族群體 ●語言分歧
3.經濟因素	6.國家的目標和計畫
●每人國民生產毛額 ●所得分配 ●GNP成長率 ●GNP投資比例	●產業優先程度 ●內層結構程度的投資計畫

資料來源:Susan P. Douglas, C. Samual Craig, and Warren keegan, "Approaches to Assessing International Marketing Opportunities for Small and Medium-Sized Business, " Columbia Journal of World Business, Fall 2004, pp.26-32.

第五節　國際市場競爭與創造價值

國際市場競爭的本質即是「國際市場爭霸戰」（International Market Warfare）亦是國際企業「創造價值」與「打敗競爭者」的雙重動能與策略驅動力（Strategic Driving Forces）。

國際行銷首重國際市場行銷策略與國際貿易組織，美國一向是國際最大的市場。據估計，美國市場約涵蓋國際商品與服務市場總需求的30%。整個歐盟的市場需求則略遜於美國，排名第二，約佔28%左右。以台灣市場需求而言，如果不走向國際市場，無異固步自封，封閉市場，不可能掌握國際市場之行銷機會。未來的企業走向國際化的動機將不只限於市場吸引力動機；確保企業生存，才是最強大的推動因素。例如汽車業、電腦資訊業、通訊業、無不走向競爭性國際市場之戰略經營國際化的路線，尤其電腦業更完全以OEM（Original Equipment Manufacturing原廠委託製造，來樣訂單代客製造）與自創品牌（Branding）雙管齊下進行國際行銷活動；而台灣市場之通訊業亦受國際市場之震撼與影響，例如行動電話、筆記型電腦（Notebook）PDA與數位相機…等都是代理國際品牌與自創品牌雙重國際行銷策略之實戰個案。

在公元2000年以後，世界主要大企業必將是國際化的跨國企業，未能掌握潮流者，僥倖的話可能會被其他大企業所併購（Merger）；萬一行銷失敗，只好悄然地撤退國際市場。

當企業牽涉到兩個或更多國家的行銷活動時，自然而然會意識到國內與國際行銷的差異。其實，有些差異確實相當重要，有些基本特性卻又極為相似。當一個企業打算從國內市場走向國際市場時，光有基本概念還不夠，太多的企業一開始總是忘記分析顧客與市場競爭態勢（Market Competition Situation），往往沒有將整體的行

銷方案整合，既缺乏明確的目標，亦不知如何評估市場行銷量、市場佔有率及行銷利潤以及所有可能面對的市場障礙。

茲將國際行銷的基本活動分爲以下兩大類：

一、國外行銷（Foreign Marketing）

當行銷活動於本國或與地主環境不同的市場環境下，即稱爲國外行銷。「國外」的基本觀念必須假設有一個熟悉或是地主的行銷基地之存在。企業在從事國外行銷活動時，乃是處於一個陌生的國外環境，隨著時間演進，這個國外環境愈來愈爲國際行銷人員熟悉後，國際行銷活動的層次將會提昇。一個從事外銷美國多年的台灣廠商在進行國際行銷企劃時，可能早已將美國市場納入國內環境考慮，打從規劃開始，就沒把美國分開單獨考慮。

國外行銷無疑是國際行銷中依舊存在的一個主要構面，然而「國外」此一觀念將逐漸從國外與國內二分法的理念跳脫出來，凡是有國際行銷活動的國家或地區將被一一整合起來，企業應充分瞭解各市場的異同，以充分發揮整體規劃與運作的效果；然而，對那些尙未進入的市場而言，仍是企業的國外市場環境。

二、國際行銷（International Marketing）

又稱爲跨國行銷（Crossnational Markteing）或多國行銷（Multinational Marketing）依據美國作者佘文·舒來伯（Serran-Schreiber）在其最佳暢銷書「美國之挑戰」（The American Challenge）中指出，國際企業將與美國、蘇聯並列全世界三大工業強權。國際企業的總基地可能在美國、日本，也可能在歐洲；跡象顯示，國際型態的跨國公司將囊括國際行銷之業務與利潤。因此，屬於第二世界之開發中國家，甚至第三世界的待開發國家，已逐漸有此類國際

行銷公司的組織；而新興工業化國家（New Industrized Countries/NIC）的亞洲四小龍（Four Little Dragons）台灣、香港、新加坡、韓國等之國際行銷網與國際行銷策略早已滲透國際行銷通路，行之有年而在國際市場佔有一席之地。

也許有人會認為，多國企業（Multinational Corporation）與國際企業（International Corporation）之間的差異只是在用字遣詞方面不同而已，其實，此種觀念是不正確的誤差。對此兩類企業而言，舉凡企業願景、使命、目標、方針、執行力、應變力、企劃力、理念、視野、眼光、導向、策略、企業結構、研究開發R&D的政策、人力資源政策、經營理念、企業文化、行銷策略、經營風格、溝通模式、財務策略、採購策略、新產品開發策略以及投資策略，都有相當大的差異。

第六節　進軍國際市場的戰略決策

隨著冷戰結束，蘇聯崩潰，海峽兩岸關係既曖昧又模糊，世界上已不存在市場經濟與計劃經濟的對立問題。近年來，人們常說到世界市場是資本主義對資本主義的競爭戰場。然而，全世界到處是市場經濟（Marketoriented Economy），世界各國也在同一個市場體制下進行國際化行銷競爭。世界各國將展開生存競爭，研究強化經濟力、貿易力、行銷力、管理力、策略力與經營力的總體戰略，進行緊張劇烈的較勁。

競合關係行銷（Comperation Relationship Marketing）「即競爭與合作」為21世紀經濟知識（Knowledge-based Economy）新世代的市場特性，既然競爭是以共存為前提，就需要一種確保「公正、公平、公開」競爭的遊戲規則。然而，各國目前的現狀是：依然存在

著各種各樣的貿易壁壘與關稅障礙，假使同為市場經濟，其內容性質也有差別。如果國際市場競爭條件不平等的話，當然談不上「公正、公平、公開」的競爭原則。例如日本曾經在進口限制方面違反了「為確保相同條件下的競爭而共存」這一基本原理，而在進口玉米的貿易問題上引起了國際上的強烈不滿與譴責。因此，如何確保國際市場國際化戰略的「公正、公平、公開」的競爭態勢，正是今後國際市場銷最重要的課題。如果由這一意義來說，國際市場競爭的遊戲規則、環境保護政策、產品責任追究、禁止壟斷政策、自由貿易政府、市場開放等，將成為白切解決的棘手議題。另方面，國際各國貿易之經常帳收支（Current Account of Balance of Payment）多年來都不盡相同，以往由於各國保護貿易的措施，多次掀起了貿易戰，因而造成國際收支的不平衡。

註1：競爭關係（係既競爭與合作）係英文字競爭Competition＋合作Cooperation＝Comperation。此外，國際行銷常流行Collaborative（合作機制）的國際化運作。

國際行銷公司（International Marketing Corporation）若想走上國際化或增加其國際市場佔有率，則勢必將面臨下列三大重要課題（Critical Issues）：

（一）國際行銷策略（International Marketing Strategy）

1.目標市場（Target Market）。
2.市場區隔（Market Segmentation）。
3.國際行銷管理與執行（International Marketing Management & Implementation）
4.在目標市場直接行銷或透過代理商之問題（Direct Marketing or Agent Marketing）

5.代理商之行銷經驗、能力與財力（Marketing Experience, Copability and Suffic ient Capital）之問題。

（二）國際商品（International Merchandises）

1.國際商品之取得（自製、OEM、進口、代理、三角貿易或轉貿易）。
2.自創品牌（Branding）之比例（通由30%提高至70%）。
3.OEM之比例（通常由70%降低至30%）。
4.國外供應商之接洽管道與公關。

（三）國際投資（International Investment）

1.合資經營（Joint Venture）。
2.併購企業（Merger or Acquisition）。

第七節　國際行銷策略

國際行銷策略（International Markting Strategy）必須將國際貨源（International Sourcing）與行銷控（Marketing Control）一併加以考量。其中最基本的貨源問題是：國際行銷公司應從哪些貨品來源以供應目標市場中的顧客？此項問題的決策取決於下列三種因素：（一）成本；（二）品質；（三）風險。因為目前大多數的貨品之勞動成本不超過15%，因此，廉價勞工（Low-cost Labor）已不再是設廠的唯一條件。採用廉價勞工的利益很可能會被運送重要零件至工廠或運送成品至市場的運輸成（Transportation Cost）所抵消。

　　國際行銷（International Marketing）乃是企業集中公司的資源（Business Resources）與經營目標（Managing Goals）於國際市場機會的全方位活動。其中企業資源尚包括人力、財力、物力、時間、經營理念、技術、原料等要素。爲了爭取國際市場機會、追求成與擴充、生存與發展，企業走上國際化是唯一的出路與生路。

　　自從第二次世界大戰結束之後，國際貿易、國際市場行銷以及國際投資，一直是國際經濟成長最迅速的部門。在這些急速成長的背後，正暗藏著一股動力與基本理念，推動了國際行銷活動。

　　環顧國際經貿體系與實戰運作，自九○年代（1990年-1999年）以後的國際經濟實已邁入「市場國際化」（Market Internationalization）與「情報國際化」（Information Internationalization）所主導的創新紀元；而我國經濟發展與對外貿易在國際經濟秩序與國際市場之導向下，亦已明顯跨進國際行銷與國際投資之國際化與國際化的劃時代。

　　正因爲如此，我國進軍國際市場與國際貿易的經營戰略也由傳統式的靜態被動轉爲動態主動的實戰策略，並朝向「國際企業」（International Business）與「跨國控股企業」（Multinational Holding Business）的目標邁進。

　　正因爲國際行銷（International Marketing）活動首重「市場研究」（Market Research）與「市場開發」（Market Promotion），因此，現今與未來從事國際貿易實戰業務（International Trade Practice & Operations），必須深入瞭解國際市場需求與擬訂國際市場開發策略，以因應國際行銷的複雜環境。

　　綜觀以上所述，傳統性國際貿易與突破性國際行銷發生的原因將總結歸納於下：

一、傳統性國際貿易經營理念（International Trading）

1.比較利益（Comparative Advantages）。

2.互通有無（Shuttling Trade-off Business）。

二、突破性國際行銷經營理念（International Marketing）

1.市場研究（Market Research）

2.市場開發（Market Promotion）。

茲將多國籍企業行銷的理念架構以圖2-1表示。

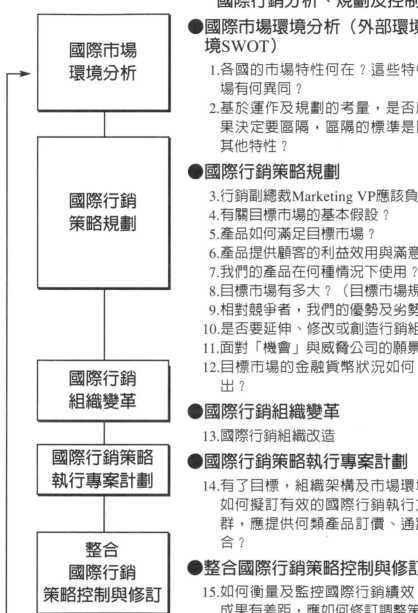

國際行銷分析、規劃及控制的主要議題

●**國際市場環境分析（外部環境PEST與內部環境SWOT）**

　1.各國的市場特性何在？這些特性與其他國家的市場有何異同？

　2.基於運作及規劃的考量，是否應將市場區隔？如果決定要區隔，區隔的標準是同質性、異質性或其他特性？

●**國際行銷策略規劃**

　3.行銷副總裁Marketing VP應該負責行銷決策？

　4.有關目標市場的基本假設？

　5.產品如何滿足目標市場？

　6.產品提供顧客的利益效用與滿意度？

　7.我們的產品在何種情況下使用？

　8.目標市場有多大？（目標市場規模評估）

　9.相對競爭者，我們的優勢及劣勢？

　10.是否要延伸、修改或創造行銷組合？

　11.面對「機會」與威脅公司的願景、使命與目標？

　12.目標市場的金融貨幣狀況如何？是否可將盈餘匯出？

●**國際行銷組織變革**

　13.國際行銷組織改造

●**國際行銷策略執行專案計劃**

　14.有了目標，組織架構及市場環境評估的資料後，如何擬訂有效的國際行銷執行方案？不同的市場群，應提供何類產品訂價、通路及推廣的行銷組合？

●**整合國際行銷策略控制與修訂**

　15.如何衡量及監控國際行銷績效？如果目標與實際成果有差距，應如何修訂調整策略？

圖2-1　多國籍企業行銷的理念架構

資料來源：許長田　教授教學講義與Powerpoint Slide投影片
http://www.marketingstrategy.bigstep.com

第三章 國際行銷研究

International Marketing

本章學習目標
e-Learning Objective

■瞭解國際行銷環境之研究內容與其特質。

■學會分析國際行銷環境之技巧。

■瞭解國際貿易體系以及外匯管制對國際行銷之影響。

■瞭解進入國際目標市場之策略。

■瞭解國際市場之滲透策略。

■瞭解國際行銷未來發展之趨勢。

第一節　國際行銷環境之意義與特質

企業跨國經營已成為影響我國企業營運的最重要趨勢。無論是實力雄厚的大企業或是中小企業均紛紛跨出海外。近年來我國許多中小企業陸續前往東南亞及大陸設廠；「台灣接單、大陸生產、香港轉口、全球行銷。」，更成為一種新的經營模式。此外，大企業到歐洲設據點者，亦隨著歐市的整合，漸漸蔚為風氣。

跨國企業的營運中，國際行銷是項複雜、多變且極為重要的功能活動。許多國內外的行銷學者認為，由於台灣許多產業過去只重視製造技術能力的提昇，而忽略了在國際市場中創立自有品牌、建立配銷通路及廣告促銷產品等各種國際行銷活動；因此，當國外的代理商或採購者將訂單移往其他國家時，這些產業的生存便面臨了極大的危機。本章將就如何評估國際行銷環境、決定進入那些國際市場、如何進入國際市場、擬定行銷方案與組織及國際行銷之未來發展等問題分別於後述之。

國際行銷環境之意義與特質

在談國際行銷之前，我們必須先了解下列名詞之定義：

●全球性產業（Global Industry）

係指該產業在某個特定地區或國家市場的競爭者，其策略性地位往往會受到他們在全球整體地位的影響。

●全球性公司（Global Firm）

係指藉由在一個以上國家營業，以獲得研發、生產、行銷及財

務等方面利益的公司。

國際行銷乃進行各種企業活動,將企業的各式產品或服務。引導到多個國家的顧客或使用者。事實上,國際行銷的基本原理與一般行銷學並無太大差異,唯國際行銷已跨越國界,更重視國際企業如何在不同的國際行銷環境及複雜的國際市場型態中,規劃其國際行銷策略,發展其國際行銷組織,以達成其國際行銷之目標。

總而言之,國際行銷具有下列特質:

1. 國際行銷與國內行銷的功能極爲相似,最大不同點即爲國際行銷之活動範圍應在一個國家以上。
2. 國際行銷強調各國環境之差異,行銷人員必須依據各國之特性,以便對其行銷策略做適度的調整。
3. 國際行銷須強調各個國家市場行銷策略之協調與整合,以產生相輔相成之行銷績效。

企業將營業活動擴充到海外各國的理由相當多,這些理由皆與企業本身之利益有相當密切的關係,其最終目的均在於「創造利潤」。是故企業從事國際行銷之動機可歸納如下:

1. 提高企業之收益及利潤。
2. 尋找新市場以消化企業產能。
3. 維持銷貨及生產之穩定。
4. 利用國外的原料、勞力、技術、及資源等。

基於上述理由,大多數企業均走向國際化經營,但仍有部份企業放棄此項做法,原因在於:

1. 地主國政府對外商設下種種管制,諸如須與該國境內廠商合資,僱用國內員工及限制其利潤匯回母國。
2. 地主國或輸入政府常以高關稅或貿易障礙來保護該國的產業。
3. 各國之貪污風氣愈盛。
4. 政治不穩定之地主國對企業造成不確定風險極高。

5.與無外交關係國家發生貿易、投資糾紛時，談判途徑複雜困難。

第二節　國際行銷環境之評估

企業在決定向國外發展之前，必須對許多新的問題有所認知，亦即企業應深入的瞭解國際行銷的環境。目前其具有下列三個現象：

1.全球性貿易與投資急速成長，加上東歐、中國、蘇聯等地區的開放。

2.更帶來深具吸引力的廣大市場。

3.國際金融體系日趨複雜且脆弱。

4.集團經濟的演進與貿易壁壘與日俱增。

在評估國際行銷環境之前，國際行銷人才（International Marketers）必須事先瞭解有關國際經貿活動之組織或國際區域市場之經貿聯盟，其中尤其更應深入探討國際貿易組織與關稅同盟之現況，方能地評估國際行銷環境。

茲將國際行銷環境評估之重要事項，詳細敘述如下：

一、國際貿易體系（International Trade System）

欲向國外發展的企業，必須對國際貿易體系有所認知。公司在進行國際貿易時，皆會面臨各種不同的貿易管制。其中最常見的包括下列幾種：

1.關稅（Tariff）：係各國政府對特定進口貨品所徵收的一種稅捐。依不同的目的又可分為：

（1）財政關稅：係增加該國政府之財政收入。

（2）保護關稅：為保護該國境內的產業。

2.配額（Quota）：係指輸入國針對其某些特定產品的進口數量加以設限，以減少外匯支出、保障國內工業及增加就業機會。

3.禁運（Embargo）：即配額管制之最大限度，一旦對他國實施禁運，該國之產品將一律禁止進口。

4.外匯管制（Foreign Exchange Control）：係限制外匯申請額度及匯率。

5.其他貿易管制：

（1）實施嚴格之產品檢驗標準或檢驗程序，如EC之ISO-9000。ISO-9001，ISO-9002，ISO-9003，ISO-9004，ISO-14000等認證。

（2）標示產地國及原製造廠。

（3）特殊食品及藥物之法則。

二、區域經濟組織（Regional Economy Organization）

近年來，各國為拓展貿易，進而發展出一些區域性之貿易組織。參與其中之國家，透過區域性貿易組織採取經濟上之合作，消除國際間對輸出入貿易的一切人為限制，以加強參與國彼此間商品之流通。主要目標包括：

1.解除關稅壁壘。

2.消除輸入限額。

3.消弭對資本與勞力移動之限制。

4.促使生產資源能互相交流，以達最佳效用。

5.經由各國市場之整合以產生規模經濟之利益，進而提昇國際競爭力與改善本國之國際收支。

6.增加消費者對各國商品之選擇機會。

區域經濟組織視其經濟結合程度與相互依存關係，可分為：

1. 自由貿易區（Free Trade Zone）：其結合程度較小，參與國對於商品及勞務移動的一切人為限制均須取消，但仍可維持自己的關稅輸入限額及對非參與國的其他貿易管制。現今較著名的自由貿易區計有：歐洲自由貿易協會（EFTA）及拉丁美洲結合協會（LAIA）等。

2. 關稅同盟（Custom Union）：係結合程度較自由貿易區大的國際合作組織。其不僅完全取消同盟內部各國間的貿易關稅及輸入限額；此外，對於來自非同盟國的貨物輸入，訂定相同的關稅，關稅收入則按參與國所同意的比例加以分配。

3. 共同市場或經濟同盟（Common Market or Economic Community）：此為結合程度最大的區域合作。共同市場促使各會員國對貿易規定能有標準化的做法。目前較著名的共同市場包括：歐洲共同市場（European Common Market）、安地斯共同市場（ANCOM）、中美洲共同市場（CACM）、加勒比海共同市場（CARICOM）、東非共同市場（EAEC）及東南亞國家協會（ASEAN）等。

本章以歐洲共同市場為例，加以說明共同市場的概況。

歐洲共同市場，簡稱歐市，由於組織運作良好，歐市成員由六個原始會員國，擴大為現今十二個會員國。由關稅同盟開始，進而建立共同經貿政策，使之成為當今經貿實力獨步全球的經濟聯盟。

1. 整合背景：其尋求統合之誘因有二：（1）為政治安全；（2）為經濟貿易。在經貿上，由於非關稅障礙，造成歐洲市場分裂區隔之成本相當可觀，鑑於其成本鉅大，若能撤除各種實體障礙、技術障礙及財政上障礙，對於歐市各國之繁榮與經濟成長實可產生莫大貢獻。

2. 整合特性：（1）會員國雖由各民族、國家組合而成，但彼此

間尋求共識，優於外在約束、經長期調整經濟結構而成；（2）歐洲各國有類似之發展程度，彼此可開放市場，以增加產業貿易，而無須付出大量產業結構調整成本；（3）歐市整合必然伴隨發生聚集效果，而產生「富國愈富、貧國愈貧」之現象，故有補償制度之建立，以減少工人與資金流向特定地區之損失。例如：西班牙要求補償以彌補該國工人遷至其他高工資國家之損失。

3.整合後之功能：（1）生產毛額提高；（2）就業機會增加；（3）通貨膨脹降低；（4）談判實力增強；（5）經濟更趨繁榮。

4.歐市整合對我經貿投資之意義：（1）歐市提供一個龐大而有潛力之市場及技術來源，我國廠商應將貿易重點移轉至歐市，如此，可降低對美國市場之依賴，並增加外銷日本市場，甚至其他亞洲市場之潛力；（2）我國廠商應積極前往歐市投資，以獲取廣大市場機會及避開貿易壁壘；此外，直接投資尚有下列優點：降低運輸費用、享有當地政府獎勵投資優惠。

三、政治環境

企業主可藉由下幾項，判斷一個國家的政治環境：

1.政府型態

2.該國之政黨運作

3.政府之行政效率及清廉程度

4.該國國民感情及意識型態

5.該國之政治穩定性

四、文化環境

　　每個國家均擁有獨特的民俗、規範和禁忌；有鑑於此，銷售人員在規劃行銷方案之前，必須充分了解外國消費者對產品的想法及其使用情形。此外，國際行銷者可依下列因素加以探討該國的文化環境：

　　　1.社會組織
　　　2.國家教育制度
　　　3.宗教信仰
　　　4.生活態度與價值觀
　　　5.語言文字
　　　6.藝術及審美觀

第三節　進入國際目標市場之策略

當企業主評估國際市場環境並決進行國際行銷之後，公司應先設定其國際行銷的目標及政策。第一、企業須決定其海外營收應占總營業額多大的比例；第二、企業須決定其要在少數國家或多數國家進行行銷活動。最後，企業必須決定其所要拓展市場的國家類型。

　　此外，可能的國際市場可依據若干標準加以評估，例如：

　　1.市場大小
　　2.市場成長
　　3.營運成本
　　4.競爭優勢
　　5.風險大小

企業亦可利用表3-1所示的評核指標，加以評估各場潛力，而後企業主必須決定那個市場所提供的長期投資報酬率最大。

企業經過一系列的國際市場評估後，若發現某一特定的國際市場深具發展潛力，就該決定進入該市場的最佳方式。一般而言，進入國際市場有三種主畏的策略：出口行銷（Exporting）、合資經營（Joint Venture）及前往國外直接投資（Direct Investment）。如下圖3-1所示：

一、出口行銷（Export Marketing/Exporting）

此乃最簡單之方式，對於公司的產品種類、組織結構、投資計劃及經營目標所產生的影響程度最低。

1.間接行銷：公司可透過獨立的國際行銷公司，以中間商之型態並以間接出口的方式進行。其具有以下優點：（1）成本較小，此乃因公司無須成立海外的銷售組織及通訊網；（2）國際行銷公司中間商大都會提供相關的技術及服務，公司可避免許多錯誤產生，故風險較低；如金莎巧克力即在義大利原廠製造，再由台灣英商公司所代理進口。

2.直接行銷：公司獨立處理本身的出口業務，其所需之投資成本與風險較高，但其相對報酬亦較爲可觀；如安麗公司（Amway）之產品，在美國生產再進口由直銷商負責銷售。另外，美國永久公司（Forever）化粧品與健康食品、如新公司（Nu Skin）化粧品與健康食品均由此方式直接行銷。

二、合資經營（Joint Venture）

此方式是與當地人合作，在國外建立各種生產及行銷之設施。其可分爲下列六種類型：

表3-1 國際市場潛力之指標

1.人口特性	**4.技術因素**
●人口的多寡	●技術水準
●人口的成長率	●目前的生產技術
●都市化的程度	●目前的消費狀況
●人口密度	●教育水準
●人口的年齡結構及組織	**5.社會文化因素**
2.地理特性	●價值觀
●國家的面積	●生活型態
●地形的特性	●種族群體
●氣候條件	●語言分歧
3.經濟因素	**6.國家的目標和計劃**
●每人國民生產毛額	●產業優先程度
●所得分配	●內層結構程度的投資計劃
●GNP的成長率	
●GNP的投資比例	

資料來源：Susan P. Douglas, C. Samual Craig, and Warren Keegan, "Approaches to Assessing International Marketing Opportunitises for Small and Medium-Sized Business, " Columbia Journal of World Business, Fall 1982, 26-32

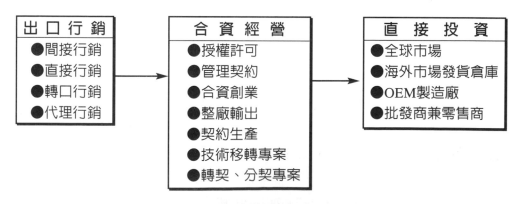

圖3-1 國際市場滲透策略

1. 授權許可（Licencing）：係指授權人與國外市場之授權人達成協議，承諾後者使用其製造方法、商標、專利及商務機密等，而收取若干費用或權利金。可口可樂、皮爾卡登及實驗即以此方式暢銷全球各地。

2. 契約生產（Contract Manufacturing）：係與當地之製造商訂定契約，由其負責生產所需之產品及提供服務。

3. 管理契約（Management Contracting）：係由國內廠商提供管理技術並由外國公司提供資金。運用此方式國內廠商僅輸出各式管理服務，而非公司之產品；其為進入國外市場的方法中風險較小的一種，希爾頓飯店即以此方式管理其分佈全球各地之旅館。

4. 合資經營（Joint-Ownership Ventures）：係由外來的投資者聯合當地的投資者共同在當地創立事業，並分享該公司之股權與控制權；如統一與美國所合資的餅乾公司。

5. 轉契、分契（Subcontracting）轉案：轉契內容各契約有別，無所不包，如：設計、整廠設備提供及流程技巧等。

6. 整廠輸出（Turn-Key Operation）：亦有稱為「工程外包」，工程外包適用國內或國外，整廠輸出適用於有輸出動作產生時，係訂約者可外包全部或一部分約定任務、活動給其他公司，只要其最後能負責、完成整體計劃及交運整個可作業的生產系統即可。

7. 技術轉移（Technology Transfer）：通常適用於工程、電車、汽車、建築等行業。

三、直接投資（Direct Investment）

係前往國外直接投資，設立分公司裝配或製造。此方式之利潤

與風險皆相當高，其優點計有：（1）生產成本低；（2）提供就業機會給當地民眾，因此可建立較佳的企業形象；（3）熟悉當地環境，故可生產出更適合當地消費者之產品；（4）公司擁有全部的控制權，因此能按其國際行銷的長期發展目標，擬定最適宜的產銷策略。

第四節　國際行銷未來發展之趨勢

國際行銷人才（International Marketers）必須以行銷組合（Marketing Mix）評估國際行銷未來發展之方向。

一、產品策略

產品與推廣在國外市場之調整策略可區分為六種，如表3-2所示。

茲將國際行銷組合（International Marketing Mix）敘述如下：

茲將產品的三種因應策略斜述如下：

1. 直接延伸（Straight Extension）：係公司的產品原封不動的在國外市場行銷。
2. 產品調適（Product Adaptation）：係適喥的修改產品以符合當地的環境及消費者需求。
3. 產品創新（Product Invention）：又可分為二種情形：@視當地之需要將公司早期之產品重新推出@針對國外市場需要發展嶄新的產品。

二、訂價策略

國際市場中的訂價策略與國內的訂價方法有許多差異。此外，

表3-2 產品及促銷的行銷策略

推廣策略	產　　　品　　　策　　　略		
	產品不變	產品適應	開發新產品
推廣策略不變	1.直接延伸	3.產品調適	5.產品創新
修改推廣策略	2.溝通適應	4.雙重適應	6.產品定位

資料來源：取材自吳文清《行銷學》，臺灣西書出版社，1990, P.743.

若公司在不同的國家訂定不同的價格，須注意價格較低的國家將產品反銷至較高價格的國家，從中賺取差價，造成惡性競爭（Cut-throat Competition）與「扯濫污的生意」（Monkey Business）。

三、推廣策略

在推廣策略方面，公司可採取與本國市場相同的推廣策略，或者配合當地市場的環境改變其推廣方式。

四、行銷通路

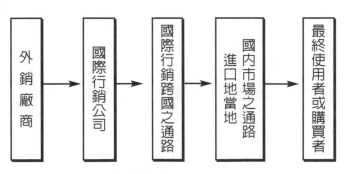

圖3-2 國際行銷之整合通路理念

外銷廠商 → 國際行銷公司 → 國際行銷跨國之通路 → 國內市場之通路進口地當地 → 最終使用者或購買者

五、建立行銷組織

　　企業在管理國際行銷活動時，通常採取三種不同的方法，即多數公司首先籌備一個外銷部門，進而設立國際事業部，最後成為跨國籍企業。

　　茲將國際行銷未來發展之重要趨勢詳述如下：

1.各國之社會文化差異日減少，逐漸形成地球村之文化。

2.各國之產業加速國際化，許多產業已由地區化演變成全國化，在不久的將來皆將邁向國際化。

3.企業加速國際化，並加強於海外的直接投資，以突破各國之貿易障礙。

4.以美國為主的許多貿易保護再度興起。

5.亞太地區之日本及其他開發中國家逐年興起，促使亞太地區的地位頗受重視。

6.歐洲地區政經產生革命性變化。其中包括：歐洲單一市場、蘇俄及東歐。

7.行銷與國內行銷合而為一。

8.台灣將成為太平洋盆地（Pacific Basin）區域之國際行銷中心（如果完成了海、空運運輸中心與國際中心才可達到）。

9.亞洲四小龍（Four Little Dragons）台灣、香港、韓國、新加坡之市場競爭更趨激烈。

10.全球行銷重心已偏向亞洲市場（尤其中國大陸、日本、台灣、香港、韓國、新加坡）、美國市場與歐洲市場。

個案研究

康寶食品股份有限公司

　　該公司是由美國康寶所創設，目前則由美國康寶與日本的Ajinomoto（味之素）共同持有。

　　該公司之產品外銷全球各地，其國際事業單位係依區域劃分其職權，各地區有其不同的行銷策略，彼此互不干涉。例如：以亞洲地區而言，亞洲總公司設置於香港，總理亞洲各行銷區之所有事務，但亞洲各區之產品發展與製造等事務則交由各區自行決定。

　　每年各地區之總公司，集合其所屬區域中的各分區代表召開多次會議，綜合各區的意見及過去所承接的一些個案，製成報告呈至美國總部。此外，在當期會議中亦向各分區代表報告由總部傳來的建議與訊息，當期與會者所提出之建議及問題，將與各區之最近資訊結合，以供其它地區之主管參考、利用之。

　　康寶是以分權的方式進行其國際行銷，其將銷售、生產等事務交由各區執行之；但是，它只是有限度地分權，設置分區總公司正是其握有中心支配權的最佳證明。

　　此外康寶公司之食品種類，口味均配合當地的需要而設計生產，此亦其成功重要因素之一。

美國Acho石油公司

　　有鑑於消費追求最方便的購物習慣，美國Acho石油公司針對此一需求而提出了在其所屬之加油站旁附設超級市場。事實如其所預測的，消費者往往利用加油的空檔去購買一些日常用品。

　　在國內成功之後，Acho準備向海外發展。首先，它發出訊息，告知國外民營加油站此一計劃，尋找合作對象。接著，派員分別進行各項聯繫工作。其中包括：與國外有意者商討合作事宜，訂定合約。並與各廠商聯繫以確保商品之供應管道之暢通等。

　　目前，Acho它在東南亞已建立起其所屬之經銷網路，其餘地區則仍在

發展中，今年2月中，Acho派員來台與味全公司協商合作事宜，或許在不久的將來台灣即可見到此類超商之存在。

台中精機廠股份有限公司

　　台中精機於1954年９月創立，董事長黃奇煌先生胼手胝足、創業維艱。該公司營業範圍的主要內容是精密高速車床、電廠數值控制車床、切削中心機、塑膠射出成型機及各種工作母機的造製與銷售。其營業額僅次於台灣麗偉而居於第二位，在歐洲的營業額占總公司的30%，其最高紀錄曾達到60%。在歐市每一個據點都發發貨倉直銷經營，在當地配置零件及訓練專業技術人員，並提供顧客良好的售後服務。

　　在講究信用，與對品牌認知強烈的歐洲市場，唯有以不斷創造機器的附加價值，（包括機器包裝、服務網路和服務人員的素質等），才可獲取穩定的銷售額，精機公司即是秉持此信念。當歐洲客戶對品牌產生良好印象後，通常能成為永久客戶，不僅對品牌的忠誠度極高，還會口耳相傳，免費為公司作宣傳。

　　台中精機駐歐辦事處首先在巴黎成立，由於法國人具有強烈的民族優越感，故無法以英語進行溝通，往往在生意的往來上形成障礙；加上法國人民生性浪漫，難免影響工作效率；因此，該辦事處成立未滿一年，即在荷蘭鹿特丹另成立行銷據點。根據該公司長期駐歐人員表示，他適應當地的新生活並不難，但語言障礙始終不易克服，因為歐洲人對自己的語言常保持高姿態。譬如當法國人碰上德國人，即使雙方均能以英語交談，但還是會堅持各用母語。

　　1991年9月，台中精機於英國曼徹斯特設置發貨倉庫，成為繼荷蘭鹿特丹、法國巴黎及丹麥哥本哈哥之後，所設立的第四個據點。該公司以發貨倉庫方式與直銷各類工作機具，發展出台灣自創品牌VICTOR雄厚的競爭力。

　　台中精機每一據點均安排三～五位工作人員，除荷蘭外，法國'丹麥'英國均以當地人士為據點之負責人，台灣駐人員大多每半年或三個月輪調一次，有些則長期居住海外。

　　精機公司相當重視在職訓練，定期針對員工舉辦教育訓練，以加強員

工的知識與技能。並且設置績優獎金，鼓勵員工提高生產效率及品質。平時定期舉辦旅遊，並舉辦各式各樣的休閒娛樂競賽活動。該公司秉持「取之於社會，回饋於社會」的精神，在建教合作方面，與沙鹿高工、台中高工以及雲林工專都有密切的合作關係。公司每月並定期發行精機月刊，藉此提供員工新資訊，同時亦加強員工間的聯繫。

精機以四十年的技術經驗，進軍國際市場，並經常參與世界各地的大型機械專業展覽會，因而建立自有品牌"VICTOR"的國際形象。同時設立世界性銷售服務網，以期提供客戶滿意的服務。精機為了因應政府國際化、自由化政策，及為了繼續確保在國內工具機的領神地位，並因應1992年歐洲經濟共同體的成立，訂立新的海外設廠及產品策略，在海外生產策略上，目前已計劃與歐洲當地的工具機大廠商合資，以規避1992年歐洲單一市場的衝擊，並在歐洲生根。

在歐洲十二個國家組成歐洲單一市場後，所有企業產品及服務均須經由ISO 9000品質認證。該項措施將形成良性循環，保障高品質的行銷通路，刺激台灣廠商注重產品品質。

此外，由於美國市場方面受限於VRA（中華民國輸美工具機自我設限）的影響，企業界已體認到分散市場的重要性及必然性。在加上台幣升值及韓國、巴西同業激烈競爭的追趕之下，該公司已加強國內外行銷工作，並且在擴展歐洲市場上不遺餘力。歐洲單一市場整合後，成為獨占全球五分之三左右的消費市場。如何在短時間內起步，且站在贏的機會點上，是國內企業界必須關切的問題之一。

以宏碁集團實例說明國際行銷策略

（一）宏業國際化所面臨的難題：

在電腦業表現相當成功的宏碁集團，認為台灣企業在從事企業國際化時最常面臨的難題有下列幾項：

　　1.台灣製形象包袱。

　　2.缺乏國際化的人才。

　　3.離主要市場太遠，國內市場小。

4.企業規模過小。

5.國際競爭激烈。

（二）該集團跨國經營時所遭遇的難題如下：

1.一流人才不願為後進國家之不知名企業效命。

2.台灣雖是老板但不一定有能力領導（誰聽誰）。

3.語言、文化、距離、時間之差異導致溝通不良，缺乏共識。

4.戰線拉長，資源管理不易控制。

5.產業環境急速變化，造成難上加難。

（三）國際化人才培育：

在國際化人才培育方面，宏碁集團認為可透過下列方式完成：

1.幹部外派長期深耕。

2.為員工繳學費，減少其經濟負擔。

3.當地華人之延攬及訓練。

4.當地幹部派回台灣訓練。

（四）在擬訂國際策略時應具備下列觀點：

1.秉持皆贏理念。

2.迅速取得技術或行銷通路。

3.可加強既有的合作關係。

4.有助於當地化的經營。

（五）全球品牌與結合地緣：

1.全球性的全作夥伴。

2.當地化的經營管理。

3.當地投資者入股並長期上市，進而達成真正無國界的全球企業集
團。

（六）宏碁一箭多鵰策略：

1.員工持股：人財兩得。

2.分散式管理：人的成長，歸屬感、責任感。

3. 主從架構組織：決策快，歸屬及激勵，大家有球打，風險分散，管理專精，中小企業精神、大企業力量。

4. 全球品牌，結合地緣：風險分擔 ，以夷制夷，整合全球資源。

5. 入籍各國（當地股權過半）：突破保護主義，受其社會歡迎，精英吸引，風險分擔，資金多元化。

資料來源：1.宏碁集團董事長施振榮，《國際化的挑戰》，台北國際會議中心，July 31,1994.
2.取材自《現代行銷學》曾柔鶯編著，p.416～419。

討論課題

1. 為何中國大陸一直希望與我國三通？（通商、通郵、通航）
2. 台商投資中國大陸，其稅捐如何處理，方可轉投資其他國際市場？
3. 1997.年後的香港，如何保有國際行銷大都會的角色與色彩？
4. 台灣如何在亞洲四小龍中脫穎而出，成為亞太營運中心？試研討之！

第四章 國際行銷願景管理

International Marketing

本章學習目標
e-Learning Objective

- ■ 瞭解國際行銷願景管理的意義
- ■ 瞭解國際行銷願景管理的內涵
- ■ 瞭解國際行銷策略經營的精神與使命
- ■ 瞭解國際行銷定位策略
- ■ 學會擬訂國際市場競爭行銷策略
- ■ 瞭解國際行銷策略規劃之流程

第一節　國際行銷的策略願景

從策略的角度而言，策略管理在實戰應用上必須以高階經營管理團隊（Top Management Team/TMT）為最高策略思惟（Strategic Thinking）、策略願景（Strategic Vision）與策略領導（Strategic Leadership）三大方針進行運作。因此，策略管理者與策略領導者在國際行銷實戰之功能與任務可細分為下列各種成功關鍵要素（Key Success Factors/KSF）：

一、具全球視野的策略願景（Strategic Vision of Global Perspectives）

由策略管理的觀點與角度切入，企業全球化之策略願景必須達至下列3V成果：

1.能見度、曝光率（Visibility）

國際行銷必須達成品牌、通路、產品、服務與競爭優勢國際化的知名度。

2. 變革速度（Viosoloty）

亦即所謂企業應變力（Business Contingent Responsiveness）

國際行銷的方針管理即是國際企業應變力與核心競爭力的表現。

3.企業價值觀（Value）

國際行銷的策略焦點與願景即在創造顧客價值（Creating Customer's Value）

二、瞭解全球市場脈動與國際市場競爭態勢（Global Market Trends & International Competitive Situation）

以國際行銷的戰略、戰術與執行作戰方案的角度而言，國際行銷專業人才必須企劃國際市場競爭策略是必備的使命與策略意圖。因此，經營者或CEO必須瞭解全球化策略與國際市場行銷策略、戰術與執行方案之策略意圖（Strategic Intent）、策略願景（Strategic Vision）、策略目標（Strategic Goals & Objectives）、策略規劃（Strategic Planning）與策略調整（Strategic Adjustment），方能帶領企業立於不敗之地。

企業要想永續經營（Going Concern），就必須講求策略；而策略的制定必須是一個兼具創意分析特質的過程，方能執行於最終極的企業競爭的戰場上。沒有策略，就沒有企業；沒有策略企劃，就沒有永續經營，這是全世界各企業欲立於不敗之地最好的座右銘。

一家企業的策略往往是高階經營層（Top Management）或者是經營管理團隊（Management Team）中之總裁CEO所親自制定，以全公司之對內利益與對外競爭為考量之目標，統合各部門或各事業群之生存發展利基與優勢，擬訂整套市場競爭或產業競爭之成功方案，貫徹執行力，以取得優勢競爭的主導權。因此，在跨世紀全球企業競爭的環境中，各企業的CEO都盡全力地專注其策略焦點、全球宏觀視野與卓越領導技能，以期能充分藉由不斷地自我變革而維持本企業的永續發展。

在邁向新世紀的企業商戰領域中，成功的企業必須包含「策略經營」(Strategic Management)與「策略行銷」（Strategic Marketing）兩大機制；而策略經營的主要機制可分為「動態經營」與「靜態經營」等兩種領域。

綜觀以上所述，策略經營的定義及其實戰運作的內涵可分述如下：

■ 策略經營係企業在混亂的市場競爭中，企業所賴以生存的因應機制。

■ 策略經營係企業以領導者為首，整合公司全體員工之作戰力，以突破因為企業環境變化所造成的經營困境。

■ 策略經營係藉由系統化策略（Systematic Strategies）的擬訂、經營策略（Managing Strategies）的發展建構，以及企業組織戰力（Organizational Forces）的開發三種綜效能量整合而成。

■ 策略經營係企業策略企劃（Business Strategies Planning）與企業組織戰力（Organizational Forces）統合而成。

■ 策略經營系企業集團之變革型組織結構（Structurs）、作業流程（Process）、人力資源（Human Resources）、資訊科技（Information Technology）、企業核心價值（Core Value）、核心能力（Core Capabilities）、經營理念（Business Philosophy），以及企業文化（Business Culture) 所統合而成。

第二節 國際行銷策略經營的精神

隨著企業集團競爭版圖的日益白熱化與全球化，全球化戰略（Globalized Strategies）的真正課題將會在策略高手的心目中佔據愈來愈重要的地位。因此，全球企業戰略（Global Business Strategies）在二十一世紀已成為全球企業面對的重要課題。換句話說，全球企業戰略亦成為全世界各國跨國企業與企業國際化必須面

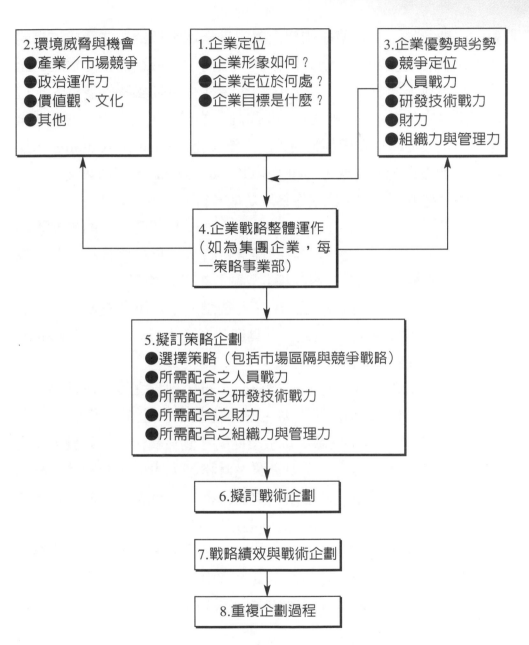

圖4-1　企業戰略規劃之流程系統

對的主要挑戰。以往傳統的理念都認為全球大型企業在全球市場的競爭較具優勢與利基，勝算比較高，然而，由最近二十一世紀的全球企業實戰風雲錄觀之，全球中型企業往往具備獨特的優勢、卡位與企業再定位（Business Repositioning）的競爭利基。另一方面，全球中型企業同時亦具備創業精神的企業文化（Business Culture），比較容易調整以配合全球化的願景（Global Vision），在企業文化與企業重整改造的運作中，比較容易成功地推行。

全球知名度頗高的國內廣達電腦公司，其經營成功的主要因素即是該公司董事長林百里本身的經營特質，此項特質很符合戰略性經營管理策略的精髓。茲將其經營秘訣詳細敘述如下。

林百里董事長將它稱為VIP三大階段。第一階段是Vision（願景），創業者對新行業、新產品要具備理念，不只要重視與愛護新產品，還要有獨特的見解。

第二階段就是Integration（整合），有了創意之後，還要整合公司不同的企業資源（包括人力、財力、物力、企業文化與經營理念），因為企業是個企業體，新事業從萌芽到成長，除了研發人員之外，還需要行銷、業務、人力資源、財務等人才，才能成為完整的人才濟濟的企業。在這個階段，領導人不只要有願景，還要有領導能力來整合，很多公司就是在這個地方失敗的。

第三階段就是Positioning（定位），創業者或經營者或企業總裁CEO如何為公司定位？在整個產業生態中，公司要如何生存？這是很困難的一件事，只要VIP三個步驟都做到了，都做對了，其他的事情就易如反掌了。

從廣達電腦董事長林百里的理念中，我們可瞭解到企業成功的核心要件（Core Factors），主要來自企業創辦人與企業領導人的心態、性格、理念、為人、人品、作風、策略，以及其在企業體中的

管理風格（Management Style）。

　　企業策略乃企業經營的命脈；企業經營理念與經營策略係評估企業戰力的指標，而企業戰力的綜合績效，則為完全整合創新戰力、生產戰力、行銷戰力、財務戰力、人力資源戰力、管理戰力與顧客服務戰力等之全方位競爭優勢（Competitive Advantages）。

　　因此，成功的企業在企業全球化競爭的整體作戰中，必須尋找出一個獨特的優勢定位，以便與競爭者做長期差異定位競爭（Long-term Differential Positioning Competition），並由此種差異化策略中獲取競爭優勢（Competitive Advantages）以及市場利基（Market Niche）。

　　更進一步說，企業在擬訂經營策略時，必須先分析企業競爭環境的S.W.O.T關鍵因素。S即是Strength（優勢）、W即是Weakness（劣勢）、O即是Opportunity（機會）、T即是Threat（威脅）。

第三節　企業策略企劃決勝千里

企業策略企劃可使企業經營者或CEO運籌帷幄，決勝千里。所謂企業策略企劃又稱為策略規劃（Strategic Planning），只是企業策略企劃是比較以「實戰」的角度而言。策略企劃的要點，在於企劃企業不斷變動的策略衝力與策略能量。而其基本假設，則係認為過去企劃作業所運用的延伸法預測，於今已嫌不足。

　　由於以往的預測與未來的動向，均將出現不連續的變動，因而企業機構必須做策略的調整。所謂策略的調整，是指調整企業的策略衝力或經營方針，使企業機構邁向一個新的產品市場組合的領域。例如企業體的研究發展（Research & Development/R&D）能力的提昇，便可作為調整企業策略能量的典範。

　　另外一方面，企業體中的行銷策略（Marketing Strategies）即是帶領企業獲利的唯一指標。這正是所有的企業策略中，最重要的兩大支柱即是經營策略（Management Strategies）與行銷策略（Marketing Strategies）。企業策略係屬於公司定位的策略，其次就是事業定位的策略，接著便是市場行銷的策略，最後就是營業戰力策略（Sales Forces Strategies）。

　　綜觀以上所述，只要企業體一切的行銷策略都非常明確，市場相關領域的行銷團隊（Marketing Team）便不會無所適從；企業經營的目標在哪裡，應該往哪個方向走，該如何進行推動，企業體自己要有能力決定，以便帶領本身企業更上一層樓，例如企業轉型、企業改造、企業再定位等等策略，這樣，企業經營方能達致永續經營（Going Concern）。

　　當我們從行銷體系中分析的結果，導出公司的策略管理過程，確定公司未來之總資源分配計畫後，還應利用它，導出特定產品市場之市場切入機會、行銷定位、行銷執行方案，以及行銷控制方法，以達成公司業績目標。

　　正因為如此，企業策略的構思、擬訂與發展係日新月異的衍生機能。例如，二十一世紀知識經濟管理的時代，全球企業的策略思維應著力於企業如何邁向知識管理（Knowledge Management）與企業如何全球化的實戰策略。所以，企業策略的擬訂應隨著經營環境與市場競爭態勢而隨時調整，因人、因時、因地而制宜。茲將企業策略的種類詳細分述如下：

第四節　企業密集成長策略

所謂「密集成長」策略係指在目前的產品及市場條件下，設法發揮力量，整合企業資源，充分開發潛力市場。其依「產品－市場」的發展組合可以導出下列經營戰略。

表4-1　「產品－市場」擴展戰略矩陣

產品 ＼ 市場	舊產品	新產品
舊市場	1.市場滲透	3.產品開發
新市場	2.市場開發	4.多角化

■市場滲透（Market Penetration）戰略

係指以舊產品在舊市場上，增加更積極之行銷戰力（Market Forces），以提高行銷量與值（行銷業績與行銷利潤）之實戰謀略。其可能性有三種：第一為增加公司的顧客，例如鼓勵增加購買次數與數量，及鼓勵增加消費之次數及數量；第二為吸引競爭者的顧客；第三為吸引游離購買之新顧客。

■市場開發（Market Development）戰略

係指以舊產品在新市場上行銷，以提高行銷業績與行銷利潤之實戰謀略。其可能性有二：第一為開發新地域性之區隔市場，以吸收新顧客；第二為開新市場優勢（在原來之區隔市場上），例如發展

新產品特性以及吸引新目標市場顧客,以進入新的行銷通路,或使用新廣告媒體等。

■ 產品開發(Product Development)戰略

係指在舊市場推出新產品,以提高行銷業績與行銷利潤之實戰謀略。其可能性有三:第一為發展新產品特性或內容,例如用適應、修正、擴大、縮小、替代、重新安排、反面反排,或以上各種綜合方法來改變原來的產品外型或產品功能;第二為創造不同品質等級的產品;第三為增加原產品的模式及規格大小。因此,開發新產品等於創造新市場及新顧客,係屬於很重要的企業成長策略。

■ 多角化(Diversification)戰略

係指公司開發新的產品,開發新的市場以增加市場行銷業績與行銷利潤之實戰謀略。(註:此策略並不屬於企業密集成長策略,而是企業滲透開發策略)。

第五節 企業整合成長策略

所謂企業整合成長策略,係指移動本公司在行銷體系向上、向下或向水平方向發展,以提高效率及控制程度,並導致行銷業績與行銷利潤之增加的實戰謀略。向上發展亦稱為上游(或向後)整合(Backward Integration);向下發展亦稱為下游(或向前)整合(Forward Integration);向水平發展亦稱為壟斷整合或水平整合(Horizontal or Monopolistic Integration)。茲略加說明如下:

■ 向上游整合（Backward Integration）戰略

係指控制原材料或零配件供應商體系，使其與本公司在所有權或產銷活動上結成一體，以提高經濟規模與市場規模。

■ 向下游整合（Forward Integration）戰略

係指控制成品配銷商體系，使其與本公司在所有權與產銷活動上結成一體，以提高經濟規模。更進一步地說，向上整合或向下整合，都能使公司的業務種類及範圍多樣化及擴大化，以提高經濟效率。

■ 向水平整合（Horizontal Integration）戰略

係指控制立於平行地位之競爭者，使其與本公司的產銷活動採取一致之行動，減低市場競爭壓力，並擴大經濟規模。當然，過度的水平整合會造成市場壟斷局面，對顧客不利。

第六節　多角成長策略

所謂多角成長策略係指公司超越目前行銷體系之外，同其他行業或產品項目發展之實戰謀略。通常都是在認為密集成長或整合成長策略比較差時，才會採取此多角化成長策略。多角成長策略之組成要素有技術、行銷及顧客。以此三要素可組成三種多角化成長策略。

■ 集中多角化策略

係指增加在技術上或行銷上與目前原有產品種類有關之新產品的投資實戰謀略。這些新產品通常又提供給新顧客使用。

■ 水平多角化策略

係指增加在技術上與目前原有產品種類無關，但銷售給原有顧客之新產品的投資實戰謀略。

■ 綜合多角化策略

係指增加在技術上或行銷上都與目前原有產品種類無關，又不銷售給原有顧客之新產品的投資實戰謀略。通常此種成長途徑的目的在於抵消公司的缺點，或切入並可利用企業內外部環境的行銷機會。例如抵消季節變動或分散企業經營風險等等。

第七節　企業策略企劃與企業市場競爭戰略

一般而言，企業的實戰經營即是要永續經營，有些企業目標要較長的時間方能達成，例如開發新產品、研發技術創新、擬訂行銷策略、改造企業組織、變革企業文化、開拓新的市場與行銷通路等等，有些企業投資專案必須花許多年的時間方能產生效益與回收獲利。因此，企業的年度企劃就是企業為達成經營目標（Business Management Objectives）、實踐企業願景（Business Vision）中的一個較短期的重點計劃（Short-term Core Plans），亦是實踐企業體中，長

期策略（Long-tem Strategies）的一個階段性計畫（A Stepping Plan）。

另外一方面，訂定企業年度基本策略的目的，主要是希望透過策略的推動執行以達成企業目標。並且整合企業體各功能管理部門（Functional Management Department）的資源（包括人力、財力、物力、時間），投入的方向與策略能達成一致性的共識及認同，以確保企業整體策略能有效執行，以達成終極的企業目標，完成企業願景。

成功的企業在市場競爭的整體作戰中，都能尋找出一個獨特的市場定位（Market Positioning），以期有別於競爭者，並由這種差異化策略中獲取競爭優勢及市場利基（Competitive Advantages and Market Niche）。

定位策略（Positioning Strategies）可協助企業公司發展出低廉成本（Cost Down）與高度強化且集中的服務，而低成本和高品質的服務就是企業生產力與企業競爭力的強勢戰力。

全球策略大師麥可・波特（Michael Porter）在其大作《競爭策略》中指出：競爭策略有三種基本態勢；1.整體成本的領導地位策略；2.差異化策略；3.集中式競爭策略。成本的領導地位策略可藉由低價格、高行銷量和高市場佔有率來賺取高額利潤；差異化策略係針對小的市場和低行銷量，提供高價格與高利潤的產品或服務；集中式競爭策略則針對高度集中的目標顧客群來做定位訴求（Positioning Appeal）。

因此，競爭策略是組合企業所追求的目標與欲達到生存發展的方法及政策。當然，不同的企業使用不同的字眼來代表某種特殊情況。例如，有些企業使用「使命」（Mission）或「整體目標」（Objective）以代替「目標」（Goals）；有些企業採用「戰術」

（Tactics）而不是採用「動作」（Operating）或「功能政策」（Functional Policies）。然而，策略的基本觀念即是掌握在「目的」（Ends）與「方法」（Means）之間的致勝點子。

下圖即為「競爭策略轉輪」（The Wheel of Competitive-Strategy），乃是在一頁紙上用來解說一個企業競爭策略的主要向面工具。

轉輪的車轂是企業的目標，它是企業希望用何種方式來競爭，以及其特定的經濟性與非經濟性的廣泛定義。轉輪的輻條是企業用來設法達成這些目標的主要運作政策。

行銷定位即是針對潛在顧客心理的一套「抓心策略」，如何將商品定位於潛在顧客的心目中，最主要的方法就是先定位消費者的心理，也就是「消費者心理的定位」。

圖4-2　競爭策略轉輪

資料來源："Michael E. Porter""Competitive Strategy"Techniques for Analysing Industries and Competitors

第八節　策略管理與願景管理的意義

所謂策略管理（Strategic Management）即是企業管理全方位策略制定（Strategic Formulation）與策略執行（Strategic Implementation）的整個流程，其涵蓋下列各種領域：

一、策略的內涵（Strategic Content）

二、策略思惟的議題（Strategic Thinking Issue）

三、策略的環境（Strategic Context）

四、策略的行為（Strategic Conduct）

五、策略規劃（Strategic Planning）

六、策略變革（Strategic Change）

七、策略執行(Strategic Implementation）

全球策略大師亨利‧明茲柏格博士（Dr. Henry Mintzberg）對策略的定義如下：

以「刻劃」（Crafting)取代「規劃」（Planning）而做企業方針管理（Content Management）內涵之制定過程。

明茲柏格博士所持的論述理由就是策略雖然是對未來的計劃，亦是從過去得來的經驗模式，因此策略不僅是一時規劃流程的刻意產山結果，也將隨著時間逐一浮現，更何況策略並非只是在逐步改變的競爭環之下所刻劃的謀略而已，策略有時候也表示因為規劃之外部環境所突然改變而做的反應機制（Reactive Functions to Changes of Competitive Environment）。

資料來源：http://www.henrymintzberg.com

從策略的角度而言，策略管理在實戰應用上必須以高階經營管理團隊（Top Management Team/TMT）為最高策略思惟(Strategic

Thinking）、策略願景（Strategic Vision）與策略鎮導（Strateglc Leadership）三大方針進行運作，因此，策略管理者與策略領導者之功能與任務可細分為下列各種成功關鍵要素（Key Success Factors/KSF）：

一、具全球視野的策略願景（Strategic vision of Global Sights）

由策略管理的角度切入，企業全球化策略願景必須違至下列3V成果：

1. 能見度、曝光率（Visibllty）
2. 變革速度（Viosloty），亦即所謂企變應變力（Business Responsiveness）
3. 企業價值觀（Value）

二、瞭解全球市場脈動與國際市場競爭態勢（Global Market Trends & International Competitive Situation）

策略管理者必須瞭解全球化策略與國際市場行銷策略、戰術與執行方案之策略意圖、策略願景、策略目標、策略規劃與策略調整，方能帶領企業立於不敗之地。

降此21世紀全球化競爭的驚爆新時代，企業策略管理的特戰秘訣即是企業全球化經營策略（Global Managing Strategies）與全球策略管理（Global Strategic Management）的統合戰力，因此，一流的策略高手必須具備經營戰略與市場謀略的決戰本領，方能掌握「贏的策略」進而開創永續經營企業的策略續效（Strategic Performances）

　　於以素來在戰略見長的日本企業而言，其海外投資的子公司，總是馬首是瞻以「東京總部」為戰略的指揮中心，不僅能引爆「當地市場」（Local Market）的競爭彈性，而且能建構全球戰略（Global Strategies）；至於歐洲與美國的多國籍企業在策略方面則是每個企業據點都是具備獨當一面作戰的獨立實戰團隊，以促使全球市場各企業組織都擁有獨立策略企劃與市場競爭的決戰能力。

　　沒有策略，就沒有企業生存空間，因此成功的企業在策略管理之成功關鍵因素（Key Success Factors/KSF）即是在策略思惟模式中，實應強化「創意」（Big Idea）並以敏銳的市場分析做正確的判斷，以擬訂市場爭霸戰的作戰策略，方能達成運籌惟，決勝千里的企業勝戰。

　　進一步而言，這是一個以「策略」（Strategy）為核心價值（Core Value）與核心競爭力（Core Competences）的E世代，企業謀取其永續經營（Going Concern）與持續成長（Continuous Growth），有賴不斷地尋求與培育自身擁有某種獨特的「持久性競爭優勢」（Unique Sustainable Competitive Advantages），此種競爭優勢的來源有些來自企業內部環境，有些來自企業外部環境，而此種優勢與利益之策略邏輯必須建構在「策略性思惟」（Strategic Thinking）的講題上方能衍生出來策略規劃與策略執行，因此此種策略意圖的優勢必須是相對於特定的產業、企業規模、市場與目標客群而言，整合成企業運作的經營理念（Managing Philosophy）與管理風格（Magagement Style）

　　換言之策略管理必須整合企業願景（Vision）、企業使命（Mission）、企業總目標（Objectives）、執行目標（Goals）、戰略（Strategies）、戰術（Tactics）、策略規劃（Strategic Planning）與策略執行方業（Strategic lmplementation Programs）之總體戰力（Overall

Forces）因此，國際行銷的願景管理涵蓋下到幾項策略焦點（Strategic Focus）與重要因素（Critical Factors）：

1. 國際行銷之市場絕對優勢（Sustainable Competitive Advantagea of International Marketing）
2. 國際行銷核心競爭力（Core Competence of International Marketing）
3. 國際行銷高營收業績（Outcome Turnover of International Marketing）
4. 國際行銷物流管理（Logistics Management of International Marketing）

第九節　建構願景管理之成功策略焦點

從策略意圖（Strategic Intent）的角度而言，任何經營策略的構思命必須考量下列三個成功關鍵因素（Key Success Factors）與三個主要策略焦點（Critical Strategic Focuses），再整合策略願景（Stratgic Vision）與策略規劃（Strategic Planning）方能做全方位的策略運作。茲將三個成功關鍵因素與三個主要策略焦點詳細分述如下：

一、成功關鍵因素

1. 策略思惟（Strategic Thinking）
2. 策略領導（Strategic Leadership）
3. 策略管理焦點（Strategic Management Focus）

二、主要策略焦點,亦稱為「策略三C」

1.公司本身（Corporation）

2.顧客（Customer）

3.競爭對手（Competitor）

在「策略三C」中的每一個主體都是活生生的實體,都有自身的興趣與目的,此所謂的「策略三角形」（Strategic Triangle）。

茲將有關策略三角形的架構與流程管理再以圖表示如下:

策略願景三角形

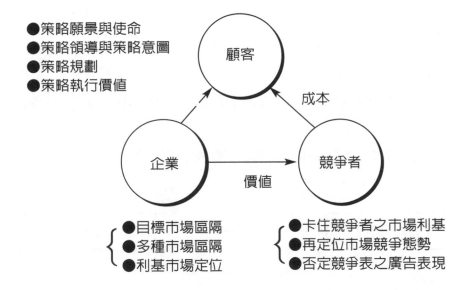

第十節　國際行銷市場競爭態勢

　　一般而言，企業在制訂策略時，必須在最廣泛的範圍內思考並決策企業成功關鍵要素與策略思惟的意圖，而這些成功關鍵要素與策略思惟的意圖可細分為以下四種成功關鍵焦點（Key Success Focuses/KSF）。

　　一、優勢（Strength/S）

　　二、劣勢（Weakness/W）

　　三、機會（Opportunity/O）

　　四、威脅（Threat/T）

　　以上四種整合稱為「SWOT策略管理焦點」（Strategic Management Focuses/SMF）。

　　SWOT策略分析，可用於企業在競爭環境與市場競爭作戰方面，均可獲致良好的成果。

　　茲將SWOT策略分析再詳細以圖表示如下：

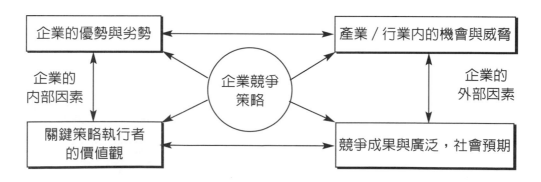

資料來源: http://www.michaelporter.com
Michael E.Porter "Competitive Advantages" 2004 P.201

個案研究

大衆電腦

為了引爆全球市場狂熱，提昇全球市場佔有率（Global Market Stare），大衆電腦全力出擊，建構完成全球運籌管理體系，並菱揮至高的全球商戰效益。

大衆電腦公司早已接獲康柏克（Compag）桌上型電腦七十萬台OEM訂單；並自1998年2月份開始小量出貨。此外，大衆電腦公司另接獲一家大型電腦廠商OEM訂單，全額亦相當龐大，數量大約七十萬台左右，預定在1998年3月開始出貨

大衆電腦公司自1997年初積極投入全球運籌產銷建構工程，預定二十一世紀（公元2000年）全球至少建構30個組裝工廠，於1998年已具備13個組裝工廠加入組裝、生產、維修、行銷、運送、物流、客戶訂單管理等服務戰力，並鎖定OEM、ODM全球市場，全力提昇全球市場佔有率。

此外，大衆電腦公司全球運籌式產銷能力（Monthly Copaciey），已獲得國際OEM大廠認可，於1998年相繼獲得大廠商OEM訂單。

進軍國際市場的策略選擇

1. 出口行銷（Export Marketing）
2. 商標授權（Licensing）
3. 連鎖經營策略（Franchising Strategy）
4. 多國策略（Malti-Country Strategy）
5. 全球策略（Global Strategy）
   ● 低成本策略（Low Cost Strategy）
   ● 差異化策略（Differentiation Strategy）
   ● 最佳成本策略（Best-Cost Strategy）
   ● 焦點策略（Focusing Strategy）
   （聚焦策略）

6、策略聯盟（Strategic Alliances）

7、合資經營（Joint Ventures）

茲將本土企業與全球企業競爭之策略選擇以圖敘述如下：

全球化的產業壓力 高	將市場競爭轉變為新的事業競爭模式與市場利基	採取行動以提昇企業為全球企業達到全球企業之層級
低	採用本土戰場之優勢以利保衛本土市場	移轉企業之競爭力至其他國家國邊界市場（國與國之間邊界之邊緣化市場）

開發本土市場/企業資源與競爭戰力 轉移至其他國家

資料來源:"Global Strategies" by George Yip P.215.2004

第十一節　國際行銷的策略層級

就企業策略的觀點而言，國際行銷策略管理的層級願景、層級。

可分為三大階層：

一、企業總體策略（企業集團總部策略）

二、事業部策略（事業群或策略事業單位經營策略）

三、職能性策略（功能性或機能性管理策略）

更進一步而言，企業經營理念（Management Philosophy）與企業文化（Business Culture）應對企業策略管理影響鉅大。因此，企業策略管理的流程管理（Process Management）可再分述如下圖：

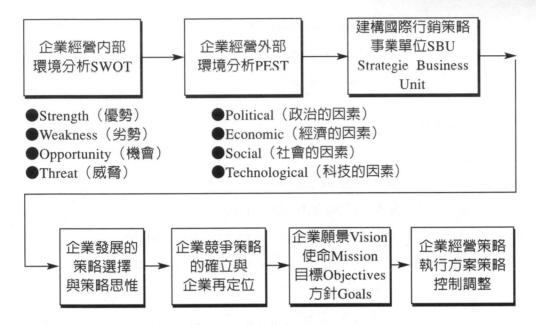

資料來源：許長田 教授 指導 MBA碩士論文 MBA Progamme
　　　　　英國萊斯特大學企管碩士 University of Leicester（UK）

第十二節　國際行銷策略價值鏈

依據全球策略大師麥可波特教授（Michael E.Portor）策略價值鏈（Strategic Value Chain Model），任何國際企業組織所主導的活動皆可分為下述兩類:

一、主要活動（Primary Activities）

包括以下成功關鍵要素：

1.進貨物流（Inbound Logistics）

2.生產作業（製造與測試／製程管理）（Production Operation）

3.出貨物流（Outbound Logistics）

4.行銷與銷售（Marketing & Sales）

5.服務／客服（Customer Service）

二、支援活動（Support Activities）

包括以下各種成功關鍵要素：

1.企業基礎結構（Firm Infrastructure）

2.人力資源管理（Human Resources Management）

3.科技發展R&D與創新（Technology Development）

4.採購活動（Procurement）

茲將策略價值鏈以圖敘述如下：

策略價值鏈
Strategic Value Chain（Porter's Value Chain）

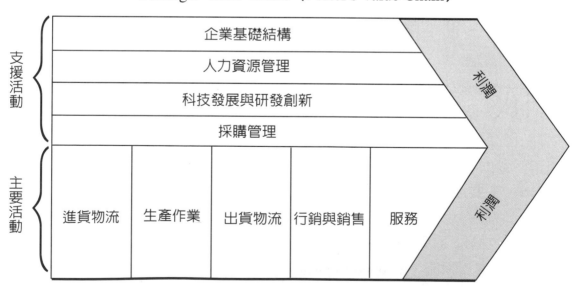

資源來源："Michael E. Porter" "Competitive Advantages" 2004 p.125

〔作者註〕：上述之策略價值鏈亦稱爲麥可波特價值鏈分析模型。

在大專院校、科技大學、技術學院（含二技、四技）以及企管研究所、管理學院MBA、EMBA之試題與論文必出之命題與策略思惟之架構流程。例如：台灣科技大學、雲林科技學院、昆山科技學院、在策略管理課程均曾採用此策略價值鏈之分析模型。

International Marketing

第五章 國際行銷策略規劃

本章學習目標
e-Learning Objective

■瞭解國際行銷經理之任務及其實戰技巧。

■瞭解國際市場的服務行銷策略。

■瞭解國際市場行銷服務的金三角理論及其實戰運作技巧。

■瞭解國際行銷經理的作戰策略。

■學會擬訂國際行銷策略企劃案。

■瞭解國際行銷活動是以為買主尋找下游顧客；為賣主尋找上游供應商為策略聯盟之主軸。

第一節 世界性的行銷活動

國際行銷經理（International Marketing Managers）的任務是什麼？有人可能會提及國內行銷與國際行銷兩者並無二致，此項說法正意味著國際行銷與國內行銷具有一些相同的功能與特質。而這些功能與特質包括下列幾種重要因素：

一、行銷研究（Marketing Research）

二、市場需求分析（Market Demand Analysis）

三、產品、訂價、通路、推廣的政策、策略與規劃

四、全方位整體行銷計劃與控制

基於此，大多數國際行銷的挑戰乃是來自於不同市場經營的策略規劃與行銷研究。

台灣是海島型經濟，其經濟結構位新新興工業化國家之列，台幣為世界三大主要強勢貨幣之一（另外兩者為日本幣與德國馬克）。台灣的經濟特點主要有下列兩種：一、是幅員狹小，天然資源貧乏。二、是國內市場規模狹小，市場需求有限。鑑於此種經濟特性，若要發展經濟提高人民福祉，唯有對外進行貿易活動，與世界其他各國地區互通有無，以彼之長，補已之短，來克服此種先天經濟條件的缺失。因此，我國對外貿易依存度相當高。根據1993年，聯合國與世界銀行之統計資料顯示；台灣之國民所得（GNP），在每一元美元當中，與進、出口貿易有關係，居然高達九角三分美元，可見台灣對外貿易依存度高於世界各國，為世界各國之冠。外匯存底也超過一千億美元。僅次於日本，高過德國。由此可知，台灣經濟成長與國際經濟地位，以及世界性的國際行銷活動有著密不可分的關係。茲就已開發國家的立場而言，它們為了充分利用新的科技，收回研究開發方面的龐大投資，為了擴大利潤，維持經濟成

長；或為了建立國際經濟舞台上的領導地位，莫不積極地向國際市場進軍。此外，再從開發中國家的立場來看，它們也不須進軍國際市場，以外銷收入來換取經濟長成所需的機器設備、高科技之秘訣（Knowhow）與技術。

企業一旦決定走向國際化之後，首先必須慎重考慮應如何進行國際行銷活動。由於國際企業經營者的經營理念與風格不同，可將進入國際市場行銷的階段分為以下幾種：

一、國際導向型（Ethnocentric）

二、當地導向型（Polycentric）

三、地域導向型（Regiocentric）

四、世界導向型（Geocentric）

綜觀以上所述，多國籍企業或跨國公司（Multinational Corporation），就是基於世界導向，在跨越數國或更多國家領域所展開的全方位整體國際行銷活動。其主要的特色有以下幾種：

1.為使企業經營更為有效管理與經營，任用無國籍限制且是經營管理上的優秀人才。

2. 以全球觀點而言，使總公司與海外子公司能充分配合，發揮整體統合經營的全方位效果。

3.配合海外當地的人力、財力、物力、行銷經驗、行銷通路，而使企業的全球市場活動能趨向標準化，並強調總公司與海外子公司間，或海外子公司相互之間，建立整體化的國際企業體制與全球作銷作戰系統。

第二節　國際行銷策略規劃的意義

企業國際行銷的發展過程應依照各國法律、政治及文化的容許範圍內，所欲達成經營目標，並配合企業本身具有的企業資源（Business Resources）（包含人力、財力、物力、時間、經營理念、企業文化、經營秘訣（Knowhow）、管理風格、技術、原料、海外據點等等），以及兼顧國際環境因素的相互關聯下，使得國際企業的經營能達到世界性效率化的水準與境界。

所謂國際行銷策略規劃（International Marketing Strategies Planning）係以戰略國際市場進軍決策與海外生產基地之全球化策略為主軸；並以策略領導與策略規劃為作戰方針而進行國際市場之產品，介通路與推廣策略之企劃戰術與執行方案達致企業國際化的策略。

因此，企業在進行國際行銷活動時，基本上可分為下列幾種類型：

一、進口行銷（Export Marketing）

二、進口行銷（Import Marketing）

三、兩國間海外行銷（Bilateral Foreign Marketing）

四、多國間海外行銷（Multilateral Foreign Base Marketing）

以上所述之四種型態，可依照決策中心、國際市場與生產基地等三大因素而予區隔，以下即為國際行銷活動主要型態表，如表5-1：

國際行銷乃是企業在本國以外的市場所從事的行銷活動。因此，國際行銷與國內行銷亦有許多差異。然而，在實質上，不論在國內或國外，其行銷的功能是相同的。不過這並不是說國際行銷經理與國內行銷經理的任務是相同的。例如：在執行國際行銷研究或

表5-1

國際行銷活動	決策中心	國際市場	生產基地
1.出口行銷	本　國	外　國	外　國
2.進口行銷	本　國	本　國	外　國
3.兩國間海外行銷	本　國	外國(Ａ國)	外國(Ａ國)
4.多國間海外行銷	本　國	外國(Ｂ國)	外國(Ｂ國)

擬訂國際行銷策略時，國際行銷經理必須具備國際市場開發實戰經驗與國際商戰策略，再加上國際金融以及國際法律之素養，方能進可攻，退可守，成功且機動地活躍於國際市場舞台。

另方面，國際市場服務行銷策略的利基來自於國際行銷理念。而國際行銷之精髓即為服務顧客，因此，國際行銷理念（International Marketing Concept）所強調的重點乃在國際行銷人員對國顧客所付出的服務行為與關心態度。亦即是說，愈關心顧客、愈瞭解顧客的國際行銷人才就是國際市場行銷商戰的大贏家。因此，國際行銷的本質不僅是適用於國際商品、財貨；同樣亦適用於服務（Services）及理念（Concept）。只要是國際行銷人員，就必須為顧客提供服務，多瞭解顧客的需要，以滿足國際買主（International Buyer）的特殊需求而賺取預期之國際行銷利潤。

綜觀以上所述，本書作者許長田博士特別強調：「在國際市場行銷戰中，誰最瞭解顧客以及提供最棒的服務給顧客，誰就是國際行銷商戰的最後勝利者。」因為國際市場的行銷利潤（International Marketing Markups）係來自國際顧客因滿足於國際行銷人員所提供之服務，而獲致最佳滿足感與爽快的感覺，因而願意花錢消費商品或行業。

因此，國際行銷的服務精神與宗旨實繫於企業國際化之經營理

念、企業文化、管理哲學與管理風格。而最重要的角色當屬每一家
公司總經理（或經營者）之領導風格及理念；蓋因整個企業國際化
之成功與否完全決定於有否服務國際顧客與國際商場親和力。另方
面，國際行銷的業積創造與國際市場佔有率的提昇是來自於國際市
場買主（國際市場顧客）的感覺與滿意。

綜觀以上所述，我們將瞭解到有眼光與遠見的企業，其在行銷
商品或行業時，一定會提供某些或某種程度之服務。例如送貨、商
品維修、退貨、退錢、保養、保證、禮遇顧客、具親和力、給予顧
客有溫馨的感受等等，諸如此類的服務旨在增進產品的效用或提昇
附加價值，因此通常都稱為「輔助性服務」（Supplemental
Services）。

另一種服務性乃是顧客在購買產品或消費行業時所能享受到的
有形服務，即稱為「核心服務」（Core Services），其為行銷人員所提
供服務效用的主力。因此，此種服務又稱為「主力服務」（Main
Services）。而以提供主力服務為主要業務的行銷行業，即稱為「服務
業」（Service Industry）。茲將服務行銷之意義及其特殊理念詳細敘述
如下：

所謂「服務行銷」（Service Marketing），主要意義就是指服務業
的全方位行銷活動。

所有的零售業（Retailing Industry）就是服務業的代名詞。此乃
因零售業都具有固定的商店、店招牌、動線、POP（Point of
Purchase）「店頭廣告/POP」與商圈之立地戰略。而當顧客進入零售
商店時，相信店員或店長都會以賓至如歸的親和力接待顧客上門。
因此，零售業之行銷就等於是服務行銷。因為顧客是「人」扮演的
消費者角色，顧客所企求購買的心理因素，不只在乎低價格、高品
質而已，最主要的重要因素乃於有否遭受到相當溫馨的禮遇。這是

顧客覺得「爽」就買，「不爽」就不買的行銷鐵律。例如，顧客上美容院，他明明知道此家美容院所訂出的價格很便宜，然而，假如美容院忽視服務的重要性，以為只要收費低就有顧客上門，則每位客人上門時都不受招待與禮遇，相信每位客人都會因感受不到服務與招待而掉頭就走，換別家美容院去感受「美與心靈感覺」的價值與服務。這樣，美容院的收費再低，也吸引不了任何客人，則行銷業績與行銷利潤一定不理想。

第三節　國際市場行銷服務的金三角理論

服務行銷（Service Marketing）與商品行銷（Merchandise Marketing）之間有著非常大的差異，其主要之原因即是服務業具有各種不同的特性。

公元二○○○年的行銷一定是服務行銷的天下，此乃行銷特質的演變不僅定位於價格戰而已，其實未來行銷戰實決勝於「定位戰」（Positioning）、「廣告戰」（Advertising）、「通路戰」（Distributing Channel）以及「服務戰」（Services）。

綜觀上述，「服務」最主要的理念與運作係統合了顧客（Customer）、企業（Business Organization）與服務（Service）三者所構成的服務金三角（Golden Triangle of Servicing Theory）。茲將國際市場行銷服務的金三角理論以圖5-1表示，詳細敘述說明如下：

美國紐約大學管理學名教授，亦是國際管理大師彼得‧杜拉克（Peter Drucker）曾經在一篇「亞洲華爾街日報」（Asian Wall Street Journal）的專欄中，強調資訊（Information）在目前已被歸納為服務行銷的領域中。

圖5-1　國際市場行銷服務的金三角理論圖

　　因此，全球行銷的理論、戰術與戰略都是以提供國際顧客資訊與商品效益為前提與市場利基。例如本書作者許長田教授於一九八〇年行銷「魔術方塊」（Wonderful Puzzler）至英國給英國當地之進口商，並主動調教該國際買主（International Buyer）如何運轉魔術方塊。結果，該進口商甚表滿意，一口氣下訂單進口五萬個魔術方塊，當時的國際市場報價為FOB美金2元5角分（US$2.56）。

　　由此觀之，國際行銷的實戰運作應該由國際生意伙伴演變進展為友誼式之好朋友關係（From Business Partner To Friend With Friend ship）。換句話說，國際行銷的服務精神亦應為自己的顧客找尋其下游之Buyer，同時，為自己的供應商，尋找其上游的零件、配件、原料之供應商，使其能在國際市場行銷獲致成功的績效；果真如此，則國際顧客的訂單勢必將如雪片般的飛來，而國際行銷活動方能稱得上是成功的國際行銷實戰運作與策略規劃。

第四節　國際行銷策略規劃之內涵

國際行銷經理的看家本領即是擬訂國際行銷計畫。而擬訂國際行銷計畫（Internatioanl Marketing Plan）亦是企業國際化（Globalization of Business）非常重要的經營戰略與市場作戰策略；其可以協助企業探索經營方針以及達成經營目標的最高指導決策。換句話說，國際行銷計畫亦為整體國際行銷戰略的作戰主軸。

基於以上所述之論點，為了充分掌握時間及發揮企業戰力，各公司實應擬訂國際行銷計畫，以利在國際市場的舞台上運籌帷幄，決勝千里。茲將擬訂國際行銷計畫的整體步驟再詳細敘述如下：

一、思考下列國際行銷問題點

1.本公司開發國際市場的行銷目標何在？

2.本公司想開發及行銷何種國際市場要的產品？

3.本公司之潛在國際顧客在哪裏？（目標市場區隔的區域分佈）顧客的財力及購買力如何？

4.目前產品的國際行銷通路如何？（國際行銷通路之評估）

5.目前產品是透過國際行銷公司、貿易商或國際市場經銷商行銷？

6.目前產品之國際市場訂價採取何種策略？依據哪些因素訂定國際市場價格？

7.國際市場競爭態劫分析如何？

8.本公司目前的國際市場佔有率如何？

9.本公司原先是否有擬定國際行銷計畫？其成功或失敗的因素如何？

10.本公司為國際行銷計畫所界定的成功標準是什麼？（國際市場行銷業績、國際商品認知率、品牌知名度以及國際市場佔有率之評估）

二、國際市場研究

如果公司的國際行銷企劃人員對於步驟一的大多數問題未能立即提出具體的答案及解決對策、方案，則必須先找到國際市場研究方面的答案；必要時不妨透過專業的國際市場研究機構或國際市場調查公司，協助找尋答案。無論研究結果如何，國際行銷經理應謹記在心的是：一切以公司的國際行肖目標為主軸與依歸。

三、擬訂國際行銷計劃之實戰步驟

國際行銷計劃的實戰內涵應包括下列各項：

1.確立國際行銷目標

（1）國際市場行銷金額與市場行銷量：針對某（或某些）國際目標市場之財力；該目標客層之收入所得，扣除多少的國際行銷成本後，至少應該有多少國際行銷利潤。

（2）國際市場佔有率：即以多少國際行銷成本攫取多少百分比之國際市場佔有率？

2.寫明所要行銷的產品特性、效益、定位，以及產品能滿足國際買主的何種需求。

3.說明國際顧客的地理區域分佈以及敘述顧客的基本特徵與採購型態（國際市場區隔）

4.說明產品的國際行銷通路與物流管理戰略，亦即敘述國際商品貨物流通（物流）的實體分配（Physical Distribution）。

5.說明目前的訂價過程及其依據，提出價格保持不變或建議有所變動（調整價格）的原因。

6.擬訂國際行銷通路（國際行銷通路大革命→直銷與間銷大突破，批發商與零售連鎖店之通路革命）

7.擬訂國際市場產品推廣的整體組合策略（International Promotion Mix Strategy）。

（1）國際廣告策略之創意。

（2）SP促銷活動與國際商展（International Convention）之規劃與實戰運作。

（3）國際行銷人員實戰推銷實務與強化國際市場銷售戰力。

（4）國際公關與遊說團體之聯盟。

（5）國際媒體報導之規劃與實戰運作。

8.指出國際市場之競爭因素對本項國際行銷計劃之影響。

9.說明國際目標市場之同業競爭態勢，並擬訂打敗國際市場競爭對手的具體策略與方案。

10.設計整體全方位之國際行銷作戰系統與國際市場霸戰之行銷商戰策略。

綜觀以上所述，為了更具體說明國際行銷計劃書（International Marketing Plan Project）的實戰內容，茲再將全套國際行銷計劃書之實戰專案內容詳細敘述如下：

1.國際市場競爭態勢分析（International Market Situation Analysis）：綜合報告與總體環境、競爭者、顧客、供應商、經銷商及其他問題相關的趨勢與要點，並指出主要之行銷問題點（Marketing Problems）及行銷機會點（Marketing Opportunities），同時，其因應策略必須詳細說明及評估。

2.國際行銷目標（International Marketing Objectives and Goals）

擬訂未來年度的主要國際目標市場之行銷目標，（例如一九九六年度行銷美國市場之行銷目標），並將之轉換為可以衡量及能夠達成之數量與金額。此行銷業績責任額係依國際行銷人員之表現及地區行銷潛力而訂成。

3. 國際行銷策略（International Marketing Strategy）：擬訂某一特定時間內用來指導國際行銷戰力之目標、政策及原則。而國際行銷戰力包括下列三個層次：（1）國際行銷費用水準（International Marketing Expenditure Level）（2）國際行銷組合（International Marketing Mix）（3）國際行銷分配（International Marketing Allocation）。

4. 國際行銷作戰方案（International Marketing Program）：擬訂國際市場產品價格、通路、推廣等行銷組合之時間、空間及人員之作戰方案。

5. 國際行銷預算（International Marketing Budget）：擬訂整個國際行銷計劃所需之經費支出及可能收入之估計數字，以便編訂國際行銷預算之依據資訊。

第六章 國際行銷產品策略

International Marketing

本章學習目標
e-Learning Objective

■ 瞭解國際市場產品策略之意義、規劃與實戰。

■ 瞭解國際產品與國際商品之意義、功能及其差異性。

■ 瞭解國際市場新產品開發策略。

■ 瞭解國際市場產品之定位策略以及產品再定位策略之技巧與策略。

■ 瞭解國際市場產品生命週期及其各階段之產品創新技巧。

■ 瞭解台灣在加入世界貿易組織（WTO）後，對於國際產品開發之實戰策略，以因應全方位國際市場競爭。

第一節　國際產品與國際商品之意義

產品（Product）在一般的觀念中意義較狹窄，指可以物理的特性描述的有形產品，例如外觀、體積、成分、形式、包裝、顏色、設計等等，由於一般人都認爲只有有形產品（Visible Products）才能出口，因此，這種錯誤的觀念亦延伸至國際市場行銷層面。在從事行銷研究時，應瞭解許多產品是無形的（Invisible Products）例如服務、保險、海運、空運、倉儲、觀光旅遊等等。

另外一方面，產品本身如果再上包裝（指內包裝與外包裝）、品牌、訂價，即成爲商品（Merchandises）。如在國際市場行銷即可稱爲「國際商品」（International Maerchandises）。

在許多情況下，有形產品與無形產品必須結合起來，形成單一而完整的組合產品（Mixed products）。

產品最佳的定義也可以說是效用或滿足的組合。例如保證（Guarantee／Warranty）只是產品的一部分，而且可以調整至適當的狀況（如較佳或較差的保證）。賓士BENZ汽車的購買者不只是購買汽車本身，而是購買一個商品組合（Merchandise Mix）與商品形象（Merchandise Image）。

因此，國際行銷人才必須考量產品的全貌及完整的形象與感覺。因爲顧客在消費產品時，都是由感覺「爽」與「值得購買」之心理因素帶動的購買慾望。所以，完整的產品應被視爲國際行銷組合（International Marketing Mix）所衍生的消費者滿足感與價值感，而非單純地只從產品特性衍生出來而已。

第二節　國際市場新產品開發策略

大體而言，國際市場新產品開發的過程大致可分爲以下六個階段：

一、國際產品構想的產生階段

國際產品發想的主要來源有國際行銷人才、公司職員、競爭者、行銷研究公司、國外買主（Foreign Buyers）與進口行銷的市場顧客群。例如國際買主（International Buyers）常常提供產品設計藍圖（Design Artwork）請供應商設計開發模具（Moulding & Design），並製造出該國市場所需的產品，以利做O.E.M的國際市場生意（International O.E.M Business）舉一個實例證明：近四十年來，台灣一向都是國際市場O.E.M的供應市場（Supplying Market）。

附註：O.E.M（Original Equipment Manufacturing）原廠委託製造或來樣訂單代工。

二、國際產品構想的篩選與評估可行性階段

國際市場新產品構想的適當與否必須由潛在消費者（Potential Consumers）來評論，或是上國際廣告，利用深度訪談來測試潛在消費者與市場的反應。因此，在國際行銷的實戰運作上，公司通常需要先決定國際新產品所應達成的目標，其中包括國際市場行銷利潤（International Marketing Markups），國際市場規模（International Market Scale），國際市場需求量（International Market Demand）以及國際市場佔有率（International Market Share）等等。

三、國際市場分析與國際商業習慣分析階段

　　從本階段必須分析國際產品的特色、成本、市場需求和行銷利潤。例如全錄（Xerox）公司有所謂的產品組合小組（Product Mix Team）專門負責測試和去除不適合的構想，許多互相競爭的設計小組生產產品的原型，獲選的原型必須與先前的目標相符，才能進入「產品開發」（Product Development）階段小組。此階段必須再由國際市場的產品生命週期（Product Life Cycle/PLC）切入加以考慮，方能擬訂國際市場競爭策略與行銷策略。

四、國際市場產品開發階段

　　在此階段中，製造商首先製造少量的試銷性產品，進行實驗研究與技術的測試，而產品的生產可能是採用手製的或是現有的機器，而不採用任何新的機器設備或另外開發新的模具進行生產。因此，許多美國企業均偏向採用公司外部的行銷研究公司，從事消費者研究與市場調查，通常市場調查的資料，往往與實際市場需求相差甚大，反而日本企業會派專人親自進行家庭訪問，確實做精確的產品測試與市場調查，確認產品的問題，理想的狀態是希望工程師或產品設計師能直接接觸到顧客與經銷商的市場消費訊息。因為國際市場畢涵蓋有國際市場顧客、經銷商與競爭者。因此，許多企業，尤其電腦資訊或高科技之產業都訓練工程師與技術人才成為國際市場行銷之行銷代表（Marketing Representatives）或行銷工程師（Marketing Engineers）。

五、國際市場試銷階段

　　此階段為試銷國際市場產品，上市於目標市場中，以確定產品

潛在的行銷問題點與能突破的行銷機會點，以擬訂最成功的行銷組合（Marketing Mix）。

當所有的階段都完成之後，新產品開發則進入最後階段－「商品化」（Merchandization/Commodization），正式生產與推廣國際行銷活動。

第三節　國際市場產品定位策略

在國際市場上，產品定位的目的乃在嘗試在消費者心中建立一個特定的地位與形象，以別於其他的競爭產品。在消費者的心中，有如電腦一樣有孔穴或特定位置，每一個位元的訊息均有適當的位置加以存放與保留，訊息的篩選和接受乃根據以往的專業經驗而做最佳選擇。

例如在汽車市場上，賓士BENZ汽車專為富豪人士而設計，而BMW汽車則努維持其一貫的國際形象，以吸引追求刺激與「買爽」的顧客。

決定產品的定位有許多種方法，其中之一是利用目標客群（客層）發展可能的產品定位，另一種定位的方法則根據產品認知與產品偏好而規劃出產品定位位置圖。後者根據與相似品牌和理想品牌反應的相互比較，利用多元空間的構面（Multi Demission/.MDS）之統計方法，決定構面的數目與類型，並將相似度轉換為距離計量，其後再檢視其品牌屬性與特定品牌屬性之間的相關性。圖6-1即為顯示美國市場各種汽車品牌的認知與產品定位之位置圖。

茲再舉另外的香煙實例如下：

飛利浦‧莫里斯（Philip Morris）香煙根據品牌形象（Brand Image）繪出二元次構面的產品定位圖，以瞭解巴西市場吸煙者對其

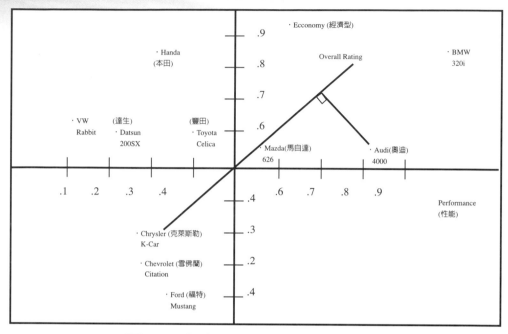

圖6-1　汽車偏好屬性的產品定位置

資料來源：Johny K Johanson and Hans B Thorelli,"International Product Positioning, " Journal of International Business Studies 16 （Fall 1994）:PP.59.取材自《國際行銷學》，于卓民編譯，P.530，華泰書局。本書作者加以修訂。

品牌與競爭廠牌品牌的認知率。該公司發現「英國煙草牌」（British Tobacco）在市場上具有獨占性，其四種品牌策略性的定位（Strategic Positioning）落在四個中等價位上：亞歷桑那（Arizona）品牌之價格最低，而且利用「萬寶路」（Marlboro）的廣告表現方式創造魅力與粗獷豪邁的產品形象定位，此種策略使得Marlboro無法採用類似的廣告表現；因此，名牌香煙如「大陸牌」（Continental）、「好萊塢牌」（Hollywood）與「部長牌」（Minister）等均定位在定位圖的右上象限中，而Philip Morris公司的「銀河系牌」的香煙定位為最差，落在縱軸的底端。然而，在經過成功地調整其行銷組合

（Marketing Mix）後，新的定位圖顯示Galaxy品牌已接近高級和具有吸引力的主要品牌。

　　有關產品定位的策略應謹慎地擬訂與考量。例如馬自達（Mazda）汽車早期行銷傳動引擎汽車時，將之定位為經濟型汽車是一項重大的錯誤，此種車實際上應強調其馬力與衝勁的優勢。因此，企業在做產品定位時，為避免定位錯誤時採用雙重或甚至多重定位，例如「親密牌」（Close-up）牙膏定位為（1）牙膏，（2）口氣芬芳劑，（3）親密的感覺關係。麥當勞（McDonald's）之定位為（1）漢堡、炸雞、薯條、可樂、奶昔，（2）休閒約會的地點，（3）速食服務價值感等等。

　　當一項產品的定位錯誤或是原先的定位失去其吸引力時，公司必須考慮對產品重新定位。因此，再定位（Re-positioning）策略就必須被派上用場。另一方面，在市場區隔完成後，國際行銷人才若決定不只要切入一個市場時，通常需針對每一個市場進行產品的改良。「耐吉牌」（Nike）球鞋在確定美國跑鞋市場不再成長之後，即開始著手將原先經常跑步者的區隔變數轉為其他多樣化的區隔變數，例如孩童鞋、休閒鞋和工作鞋；另一方面、這些產品的修改可能只是心理上針對不同區隔市場（Segmented Market）給予不同的定位。此兩種策略可為互補亦可為相互獨立的，因此，產品定位的運作並不在於市場是否加以區隔。一般而言，在理論與實務上，市場區隔與產品定位應緊密配合，以相互增強市場滲透效果與市場戰力（Market Force）。

　　因此，在一特定的區隔市場中，可能需要特定的產品，但兩者的搭配並不意味著不同市場需求有不同屬性的不同產品，其實最佳的策略即是將產品定義擴大深度與廣度，使其產品形象經過調整後能適合每一個區隔市場，而並不需要改變有形產品。產品定位允許有形的屬性保持不變，而針對不同區隔市場修改產品心理的屬性，

因此定位可增強產品的優勢與利基（Product Advantages & Niche）。

雖然產品定位因國際市場與產品不同而有所差異，但是國際行銷人才必須謹記：一般而言，在開發中國家極適合具高品質或氣派、精緻、格調、品味的定位。由於外國製的產品通常均被認定為品質和名譽皆佳的產品形象（Product Image），因此一般而言，在切入市場時實不應將產品定位在低品質上，假如產品定位錯誤，消費者則無購買外國產品的誘因與衝動購買慾望（Impulsive Buying Desire），則潛在顧客（Potential Customers）將會轉而購買當地製造的產品。

第四節　國際市場產品生命週期

在國際行銷的領域中，國際產品生命週期（International Product Life Cycle/IPLC）主要在闡述創新產品切入國際市場的擴前與演進過程。國際產品生命週期乃始在一個已開發國家中能滿足消費者的需求，希望藉由其技術上的突破，將產品行銷至國外市場；其他先進國家將會很快地利用本身的生產設備加入生產，在經過一段時間之後，生產效率與比較利益（Comparative Advantages）由已開發國家移轉至開發中國家，最後，先進國家對此項產品不再具有低成本的效益，而從他們先前的顧客手中進口此項產品。從過程所得到的教訓是先進國家成為自己創新產品的犧牲者。

因此，以多國籍企業（Multinational Business）的觀點而言，國際產品生命週期理論在國際行銷規劃的理念層次具有潛在的價值，因此在國際市場行銷實戰中可將國際產品生命週期劃分為五個階段，茲將此五個階段以表6-1詳述如下：

COLGATE-PALMOLIVE公司之國際行銷

COLGATE-PALMOLIVE公司係世界各國家庭用消耗性產品主要製造商及銷商之一。該公司經營之產品可區分為家庭用及工業用之清潔劑、牙膏牙粉及漱口藥水、小包裝食品、香皂、清洗劑與清洗用具。該公司於1972年購

表6-1 國際產品生命週期各階段之特質（產品創新圖）

生命週期各階	出口／進口	國際目標市場	國際市場競爭者	生產成本
1.當地市場創新	無	美國市場	少：當地企業	早期成本高
2.海外市場創新	增加出口	美國與其他先進國家	少：當地企業	降低成本（生產規模大）
3.國際商品成熟期	出口穩定	先進與低度開發國家	先進國家	成本穩定
4.全球市場仿冒	出口下降	低度開發國家	先進國家	成本上升（生產規模相對縮小）
5.全球市場逆轉情況	進口增加	美國市場	先進與度開發國家	成本升高（比較不優勢）

資料來源：Sak Onkvisit and John J.Shaw "An Examination of the International Product Life Cycle and It's Applicationswithin Marketing." Columbia Journal of World Business18（Fall 1983）, P.74.

個案研究

進專門生產外科紗布及醫療保健用品之KENDALL公司之全部股權。翌年該公司購進HELENA RUBENSTEIN化粧品公司之全部股權。

　　該公司1975年全年度營收為二十九億美元，其中有2%係海外營收。該公司之市場分佈在全球六個州，並在五十四個國家設立分支機構。

　　COLGATE公司主管部門認為該公司在世界市場之實力不但足以銷售該公司之產品而且亦能經銷其他廠商之產品。經銷產品之一為WILKINSON牌刀片。該公司總裁DAVID FOSTER君曾稱：「本公司多年以來即已利用PALMOLIVE商標行銷刮鬍刀片；吾人業經發現刮鬍膏及刀片使用同一商標以來，銷售較為暢順。」目前該公司已使用WILKINSON商標在數個歐洲及西半球國家行銷產品。

　　COLGATE公司在美國市場經銷若干項歐洲廠商生產之產品，例為英國ALPEN公司之早餐粥品以及西德HENKEL公司生產之PRITT牌膠水。COLGATE公司亦向美國廠商訂購商品，例如向杜邦訂購REVEAL牌培烤食品用之包裹材料，以及向CHICOPEE MILLS公司訂購拭手紙巾。

　　FOSTER君的另一項經營理念是：「本公司應善為運用其他公司之科技與產品並配合本公司全球行銷系統之功能推展行銷業務。」該公司行銷手法之一係向廠家購進成品予以包裝為上市之商品，分配予其全球各地之經銷系統，再進行促銷與其他必要之外銷活動。此項計畫適用于美國及海外之生產廠商。該公司年度行銷計畫包括派員與各廠商磋商，其方式正如同該公司各部門間之協調磋商相類似。

　　外界廠商生產的具備市場潛力之產品，均由該公司富有實際行銷經驗之高級主管組成之專案小組「冒險事業工作群」進行評估。某一項新產品經該工作群決定納入營運系統並獲致績效之後，即移交予正規之行銷部門繼續經營。該公司在西德經銷之GARD牌美髮產品已在當地市場行銷成功。目前該產品係由COLGATE在西德之關係企業在德國一地行銷。

　　迄1976年為止，COLGATE公司主管部門曾期望上述全球性計畫之發展，將使該公司擴充其新產品之來源。由於COLGATE公司在美國本土市場必須面

對PROCTOR及GAMBLE兩大企業之劇烈競爭，COLGATE公司海外市場之經銷與行銷績效較國內市場為佳。

討論課題

1. 如果某個國家決定市場保護，限定當地企業國際化，結果將會如何？試研討之！

2. 何種是國際行銷策略形成之主要理念？這些理念是否適用於過去、現在或未來？

3. 何種產品能提供一個全球化企業較佳之機會？低環境敏感程度或是高敏感程度的產品？試研討之？

4. 試討論台灣在加入世界貿易組織（WTO）後，對於國際產品開發如何符合國際市場之需要與如何擬訂國際商品策略（如包裝、品質、品牌、交貨期、報價條件、付款條件、檢驗、安全性各方面）以因應全方位國際市場競爭？

第五節　國際市場產品生命週期之意義

產品生命週期（Product Life Cycle/PLC）為行銷領域中一項重要的觀念，藉由此觀念有助於洞悉產品的市場競爭態勢（Market Competitive Siatuation）。同時，如果沒有審慎地運用此項觀念與策略，則行銷人員所擬訂之行銷策略很容易被誤導與誤用。因此，為了求取完全瞭解產品生命週期之意義，吾人首先將探討此項觀念之真諦。茲將產品生命週期之意義詳細敘述如下：

所謂國際市場產品生命週期（Product Life Cycle/PLC）乃係產品在目標國際市場上之演進階段，其中涉及行銷時間、國際市場行銷量與國際市場佔有率之趨勢，並將各期之特有的行銷策略略加以靈活運用。其各期階段可分為上市期（導入期）、成長期、成熟期、飽和期與衰退期。

由上述可知，產品與市場皆有其特定之生命週期，且必須在不同的階段採取不同的行銷策略。每一種新市場需求皆伴隨著一種市場需求的生命週期，而每一種新科技的誕生，亦皆以滿足該種需要為原動力，並展現出一種對科技生命週期的市場需求。因此，在某一既定科技水準下的特定產品形式，也會顯現其生命週期，這如同在這些產品形式內的品牌一樣，具有某種特定的市場生命週期。關品生命週期，吾人可用下列四個觀念來加以說明：

一、產品的生命是有限的、極短的。

二、產品的行銷會經歷數個不同的階段，而在每個階段均有行銷人員所必須克服的各種挑戰。

三、在不同的產品生命週期階段，行銷利潤有時會上升，亦有時會滑落。

四、在不同的產品生命週期階段，企業必須採用不同的行銷、

財務、製造、採購及人事管理策略。

綜觀以上所述，吾人可瞭在產品生命週期之各個階段中，會產生各種有關行銷策略與行銷利潤潛力之明顯的問題點與機會點（Problem & Opportunities）。藉著對產品所處的階段，或是未來可能發展方向的確認，當有助於企業擬訂更為妥善的行銷計劃（Marketing Plan）。

茲將國際市場產品生命週期之各個階段詳細分述如下：

一、上市期（導入期）（Introduction Stage）

係指產品被切入市場後（上市），市場行銷量呈緩慢成長的時期。在此階段中，因為需要相當高的行銷費用來導入此項產品，因此可說是無利可圖，為往後賺取行銷利潤而舖路。

二、成長期（Growth Stage）

係指產品快速地被市場接受與顧客歡迎。而且產品利潤已有顯著增加的時期。

三、成熟期（Maturity Stage）

係指產品行銷成長趨緩的時期，因為此時的產品已獲得大多數潛在購買者所接受。同時，產品的利潤可能趨於穩定。此時期定會有價格戰。

四、飽和期（Stuff Stage）

係指產品行銷在此階段已深具市場飽和，市場行銷量與市場佔

有率無法再提昇,已達顛峰狀態。

五、衰退期（Decline Stage）

係指產品行銷量與市場佔有率急遽下降的時期,此時利潤亦可能大幅滑落。

茲將國際市場產品生命週期之各種階段:上市期、成長期、成熟期、飽和期與衰退期,及各期之實戰行銷策略以圖6-1詳細敘述如下:

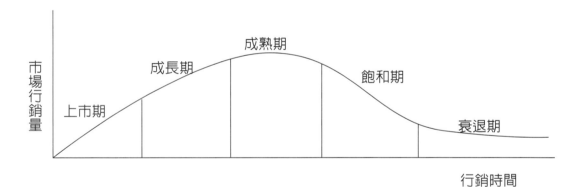

上表期	成長期	成熟期	飽和期	衰退期
·市場佔有	·市場區隔	·產品差異化	·市場空隙	·市場活化:借時重生
·品牌	·市場定位	·市場擴大	·市場再定位	·市場撤退:借地重生
·品質	·競爭優勢		·產品第二春	
·附加價值				
·顏色				
·服務				
·包裝				

圖6-1　國際市場產品生命週期及其各階段之國際行銷策略

第六節 國際市場產品生命週期各期之實戰行銷策略

綜觀以上所述,國際市場產品生命週期各階段,實際上都具有其特殊的行銷策略。茲再詳細介紹各期之行銷策略如表6-2:

表6-2 國際市場產品生命週期各階段之實戰行銷策略

產品生命週期	上市期	成長期	成熟期	飽和期	衰退期
行銷策略	1.滲市場以刺激市場需求。 2.以高價格切入目標市場以賺取豐厚之行銷利潤。 3.擴充行銷通路,以建立零售與批發系統。	1.改良原有產品,做產品再定位。 2.以否定市場競爭態勢之策略以壓迫競爭者之市場優勢。 3.強化品牌定位與品牌印象,並稍降低價格,以擴大市場。	1.市場區隔再求差異化。 2.以廣告與促銷為主,搭配EVENT與SALES雙作戰。 3.強化產品保證與服務。	1.產品再定位。 2.市場再定位。 3.市場絕對優勢策略。 4.創造子牌與新的行銷通路。	1.行銷再定位策略 2.刺激市場活化 3.將產品特殊化以掌控獨特的市場空隙。 4.削減行銷通路,以降低行銷成本。

產品生命週期的理念是必須以實戰的市場推廣活動再搭配行銷時間。因為在產品上市前,照理論是無法預先得知某一特定產品將位處於那一階段。然而,在行銷實戰中,可藉由一種所謂角色扮演(Roll Playing)與沙盤推演(Workout Operation)的實戰整合,以透明膠片劃上產品生命週期圖之實戰市況,並配合原先已完成之預估性質的產品生命週期,這樣即可很容易地、快速地推算出某一種特定產品應在哪一個階段。例如上市期是何年何月何日,產品到了成

熟期應是何年何月何日（預估），因為產品生命週期愈來愈短，以消費品為例，幾乎一個半月即演變一期，如果消費品上市到衰退，則實際需時僅需花六月時間。而工業製造品幾乎平均三個月演變一期，因此，從上市期到衰退期，則需時一年左右即到達衰退階段。

嚴格說來，在產品衰退的某一點，企業必須考慮到淘汰產品的問題。當某一產品已步入產品生命週期末期而勢必遭到淘汰時，行銷人員必須壯士斷腕而割愛，因為這樣一來，可以將企業大量的資源釋放，轉用於其他更有利的產品上。

此外，商品概念與商品企劃（Merchandising）亦應納入產品生命週期之各期策略中。此處所謂的商品概念，是指商品全盤性行銷戰略的基本概念，與單純針對商品本身導出的概念是不盡相同的。以此商品概念為中心，再透過商品定位的確與消費者的確定二層的過濾，形成尖銳的戰略概念，而在過濾時所考慮的因素有時也能直接轉變成戰略概念（Strategic Concept）。

在戰略概念確定後，緊接著便是促銷策略的企劃與新產品行銷通路之安排與舖貨。所謂促銷戰略（Promotional Strategy/SP），包括廣告表現戰略（Advertising Presentation Strategy）、媒體戰略（Media Strategy）與物流戰略（Channel Strategy）等，而在戰略概念中，原本居重要地位的包裝與品牌命名，其重要性也日益加強。

一般而言，具成功與效力的促銷活動，商品本身已經媒體化，在戰略概念確定後，以整體行銷之綜效而言，實際上就是商品化作業的延長，就實質意義上而言，企業製造商品，也就等於製造戰略（Make Strategy）。

第七節 競爭國際行銷的再定位策略

由於整體行銷（Total Marketing）的創新理念與市場競爭態勢所帶來的狹隘市場，促成行銷戰力趨於競爭導向（Competition-Oriented）的競爭行銷策略（Competitive Marketing Strategy）。因此，企業在擬訂市場經營策略與行銷策略時，必須考慮下列四種因素：（一）企業經營目標與行銷目標，（二）顧客需求，（三）競爭者之動向，（四）經銷網之建立，由於在市場競爭中，最重要的顧客與競爭者均涵蓋於市場定位的目標市場中。因此，企業的行銷戰力應採取推銷顧客與差異競爭者的策略，方能運用企業整體實力以滿足顧客最佳的需求，此種搭配整合在行銷實戰策略中即稱為企業經營目標、顧客、競爭者全方位之「競爭行銷策略金三角」（Competitive Marketing Strategy Golden Triangle）。

茲將競爭行銷策略金三之架構如圖6-2：

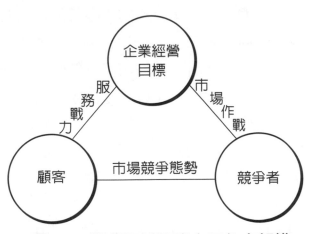

圖6-2 競爭行銷策略金三角之架構

由圖6-2可知，企業在國際市場競爭中可採用以下之市場作戰策略：

1.將產品與服務做差異化行銷（Differential Marketing）。

2.將市場再定位，使原來之市場競爭態勢改變，則在改變後的市場競爭態勢中，再採用「否定市場競爭態勢」以及「再定位策略」。

3.將國際市場通路差異化，改變原來行銷通路之特質與功能，使國際行銷通路之舖貨實體分配與物流管理產生新革命。

4.將國際商品以參加國際商展的方式再定位，尋求國際市場利基與切入國際目標市場之機會點。

另方面，國際行銷人才亦必須防範國際市場競爭者之因應策略，通常其作戰策略可分為下列三種：

1.產品活化（Product Upgrade）

2.市場活化（Market Upgrade）

3.通路活化（Channel Upgrade）

基於以上三種作戰策略，可統稱為所謂「行銷活化策略」（Marketing Upgrading Strategy）。

環顧全球企業的脈動，日本企業的國際行銷網遍佈全球，所謂「日本商社人24小時商戰實錄」，其充分表現出國際行銷的團隊精神，每個地區的行銷站都派有一流的國際行銷高手，透過東京總部的全球商戰情報中心，以傳真（FAX）折衝世界市場，展開一系列的國際行銷戰，因而成為「世界貿易巨人」及「經濟動物」。因此，日本有限公司（Japan Inc.）也就成為日系跨國企業的代名詞。

綜觀以上所述，筆者認為：一流的國際行銷人才加上國際市場情報，即成一流國際行銷商戰的決勝武器。

另方面，由上述日本企業在全球商戰的實例中，希望能為台灣企業帶來生機、轉機與契機。對台灣企業國際化（Globalization of Taiwan Business）將會有所借鏡與啟示。所謂「日本能，我們台灣為何不能？」。從此，應該改為「日本能，台灣更能。」（Yes, We Can）。

個 案 研 究

　　日本豐田汽車（Toyota）行銷美國市場之行銷個案（有關產品生命週期之突破策略）

　　日本豐田汽車公司當初欲進軍美國市場時，即考慮到美國市場行銷通路與廣告活動等問題。剛上市時，由於產品尚在上市期與成長期階段，無論廣告活動、商品發表會與展示會，甚至試車等都受到甚多消費顧客之歡迎。

　　然而，豐田汽車在美國市場行銷之產品生命週期到了成熟期的階段，同時遇到目標市場許多國際品牌以及美國克萊斯勒與通用汽車公司的激烈競爭，這時，豐田汽車在行銷與生產方面的協調發生鬆散的情況。

　　基於以上之情況，豐田汽車公司在生產方面儘量提高設計概念、材料、品質等重要因素；而在行銷方面則重新評估美國市場規模與需求量、消費顧客之購買理念、滿足感以及感覺個性化消費等的種種市場機會，並且將產品做再定位。結果，由於後來改善了產、銷配合的關鍵問題與重新評估市場的突破策略，使得日本豐田汽車在美國市場之行銷業績與市場佔有率終於再創新高與佳績。

　　綜觀以上個案，我們應該有下列三種啟示：

一、國際行銷活動乃建立於國際市場競爭與顧客上面。因此，國際行
　　銷人才必須充分瞭解顧客，以及服務顧客。

二、產品再定位可解決國際市場行銷業績卡住之危機。

三、全球行銷已邁入顧客滿意時代的全方位國際行銷商戰之新紀元。

討 論 課 題

1. 試舉一項處於國際市場產品生命週期（Product Life Cycle /PLC）之成熟階段的個人健康產品，請討論在該產品類別中其競爭品牌間的競爭策略之差異。這些不同的策略是否都同樣有效？如果是的話，其原因為何？如果不是的話，其原因又為何？

2. 假設件仔服飾（Blue Jean）市場已處於其產品生命週期的成熟階段，請研討李維牛仔公司（Levis Strauss）在國際市場如何達成其公司的成長目標與行銷業績？

3. 在產品生命週期的每個階段中，其行銷研究的調查重點應為何？又其國際行銷之產品再定位策略應如何擬訂？

4. 試討論在產品生命週之不同的階段中，其促銷水準與促銷組合改變之情況。

5. 試選擇一項消費產品與一項工業產品，將此兩種產品之各別的產品生命週期之形狀曲線圖分別繪示於企劃紙上，並比較彼此間的差異。

第七章 國際行銷訂價策略

International
Marketing

本章學習目標
e-Learning Objective

■瞭解國際市場訂價策略之意義與內
　涵。

■瞭解國際市場價格戰之原因與其因應
　之道。

■學會應用目標市場與市場區隔之技巧
　找尋真正的客層，加以定位後再擬訂
　訂價策略。

■瞭解國際市場訂價策略可分為滲透訂
　價、吸脂訂價、加成訂價及折衷分離
　訂價。

■學會國際市場之報價條件，如FOB、
　C&F（CFR）、CIF等最重要之價格條
　件。

第一節 國際行銷訂價之意義

在國際市場行銷策略中,產品上市前的種種措施,除了行銷人員必須將產品做品牌命名,提昇附加價值、包裝與定位之外,尚必須將產品訂定價格。這就是產品變成商品之全方位與多元化的重要過程。亦即是如下整體關係:

商品(Merchandise)

=產品(Product)+定位(Positioning)

+品牌(Brand)+包裝(Packing)

+附加價值Value-added/(Value Creation)+訂價(Price)

由上述觀之,任何產品或行業都必須訂價。因此,訂價(Pricing)乃國際行銷人員必須思考與執行的主要國際行銷決策之一重要環節。正因為如此,國際市場訂價策略之擬訂實在關係著國際市場行銷量、市場佔有率、市場競爭態勢與整體國際行銷業績。

國際行銷人員在擬訂價格策略之前,必須事先考慮以下諸項問題與關鍵成功要素:

一、訂價之目的。

二、訂價之理由。

三、訂價結果欲達到何種目標或行銷成果。

四、考慮成本要素,其中包括進貨成本、經營成本、管銷費用、製造成本、行銷成本等等。

五、考慮目標市場之接受度。

六、考慮競爭者之報價價位。

七、考慮企業在行銷方面之行銷利潤。

綜觀以上所述,當企業在行銷產品前,公司必須先決定要將其產品定位在何種品質與價格之中,下表7-1即為九種品質策略與價格

策略之關係表：

國際市場價格策略

表7-1 國際市場價格策略與品質策略之關係表

國際市場產品品質策略		高	中	低
	高	1.優勢策略	2.高價值策略	3.超價值策略
	中	4.超價值策略	5.中等價值策略	6.良好價值策略
	低	7.游擊策略	8.欺瞞廉價策略	9.廉價策略

　　由表7-1觀之，位於角線上的策略1.、5.與9.，是可以同時存在同一目標市場上的策略。易言之，當某一公司可能提供高價格高品質的產品，而另一公司則可能推出一般水準之價格與品質的產品。而且另有其他公司也可能提供低品質，低價格的產品。其中之原因只是在目標市場上存在著對價格、品質或兩者同等重視的消費者群（Consumer Group），則各競爭品牌為了求取和平共存，即可採取此三種定位策略。

　　其次，定位策略2.、3.與6.則專向採對角線上策略的公司挑戰。例如，策略2.的公司也許會宣稱：「本公司的產品與策略1.公司的產品具有相同的品質，但價格卻來得低。」而定位策略3.的公司亦可能有相同的宣傳，而且更強調其價格特低。如果品質敏感度與偏好度高的顧客相信這些競爭者的說詞，則他們將轉向這些競爭者購買產品，因此市場競爭態勢將隨之改變，除非定位策略1.的公司能有辦法塑造高品質無以取代的產品形象與絕對優勢等兩個條件，否則市場佔有率將由定位策略的公司囊括第一把交椅。

最後，定位策略4、7與8的公司，其產品的價格皆高過產品的價值。因此，購買這些公司產品的顧客，可能有被「剝削」與「吃定」的感覺，並常會有所抱怨且傳播不利於公司的耳語與中傷言詞等等。因此，專業的一流行銷人員應避免犯下此種錯誤。

企業在擬訂其價格政策時，必須考慮許多因素。其中可分為如下的六個步驟：

一、選定訂價目標。

二、確定市場與顧客需求。

三、估計成本。

四、分析競爭者的價格與產品。

五、選定訂價的方法。

六、決定最後的價格。

由上述觀之，公司首先必須謹慎地選擇目標市場與市場定位，並決定公司對某一特定產品所需達成之目標，則訂價策略才能順利地依照公司既定的目標運作。此外，公司必須謹慎地建立其行銷目標，諸如維持生存，最大化當期利潤、最大化當期收入、最大化銷售成長、最大化市場吸脂（Market Skimming）或者是產品品質領導者的地位，方能在激變的市場爭霸戰中，獨樹一格。

茲將國際行銷之訂價目標詳細敘述如下：

一、長期最大利潤。

二、短期最大利潤。

三、成長目標。

四、穩定市場。

五、消除顧客對價格的敏感性。

六、追隨價格領袖制（Price Leader）。

七、卡住競爭者切入市場——市場卡位（Rollout Market）。

八、加速面臨存亡邊緣的企業退出市場。

九、避免政府的干涉與控制。

十、維持中間商的忠誠並給予支持。

十一、使顧客認為合理的價格。

十二、加強消費者對公司及商品的印象。

十三、創造顧客對商品的興趣及購買慾。

十四、促銷競爭力較弱的商品。

十五、避免競爭者降低價格。

十六、建立行銷通路。

十七、提高商品之認知率與知名度。

十八、降低連鎖商店之經營成本。

十九、提高商品之行銷量。

二十、否定市場競爭態勢。

第二節　國際行銷訂價策略之種類與內涵

許多公司在擬訂訂價策略時，其目的在追求單位銷售量最大。他們相信，較高的銷售量會導致較低的單位成本與較高之長期利潤。此類公司假定市場是屬於價格敏感的「價格市場」（Price Market），因而設定較低的價格以刺激市場消費並提高市場行銷量與市場佔有率。此種方式稱為市場滲透訂價（Market-Penetration Pricing）。以下的各種狀況頗適於採取低價格策略：

　　一、市場具有高度價格敏感性，而且低價格會刺激更高的市場佔有率（Market Share）。

　　二、產品的生產成本與行銷成本會隨著所累積的生產經驗而下

降，此即大量生產之成果。

三、低價格有助於遏阻現有主力競爭者（Main Competitor）與
潛在競爭者（Potential Competitor）的價格戰。

國際行銷訂價乃國際行銷策略中的一層重要環節，與廣告、促銷、銷售管理、人員實戰推銷、產品企劃、行銷研究、行銷通路、顧客服務、經銷網等功能的地位相等。其功能如圖7-1所示：

在一般企業中，訂價的地位與重要性實在不容忽視。負責訂價工作的行銷企劃人才，其地位亦與產品企劃或推銷業務員管理等，實在是居相等的地位。

此外，在現代企業經營環境中，有些產品種類較多的企業，則採用產品經理制度之運作，亦即將行銷研究、廣告、促銷、顧客服務、包裝、品牌、行銷通路等功能設置專業部門負責，再設立另一產品群經理（Product Group Manager）負責全部品牌，其下之組織再設立品牌經理（Brand Manager）或產品經理（Product Manager）、專門負責掌控有關該特定產品（或品牌）之市場計畫、競爭策略、廣告、促銷與訂價策略。

企業在企圖改變訂價策略時，不但必須考慮顧客的反應，同時亦應注意市場競爭者之反應與動作。在產品同質性高，競爭廠商不多，購買者的市場資訊（Market Information）非常靈通之情況下。競爭的反應與措施顯得格外重要。

然而，企業應該如何預期競爭者可能會採取的反應與動作？假如公司面對的是一個大型的競爭者，則其競爭者的反應可經由兩種利益觀點來計：其一是假設競爭者對於價格的變動有一套完整的因應對策，而在此種情況下，公司就必須確認當時競爭的自我利益為何；例如，必須研究競爭者當時的財務狀況與行銷能力；最近的銷售情況與產能狀況，顧客的忠誠度，以及公司的行銷目標。假如競

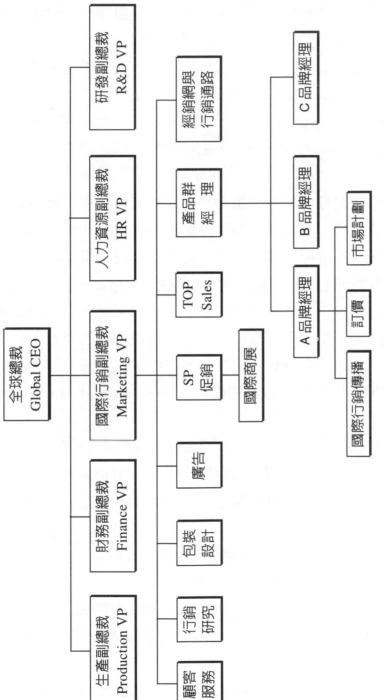

圖7-1 國際行銷訂價功能在產品經理制度下之角色定位

爭者的行銷目標是在於提昇市場佔有率，則其對價格的變動必會跟進；假如競爭者的行銷目標是在於追求最大的行銷利潤，則該競爭者可能採取其他行銷策略，諸如增加廣告預算、改善產品品質、產品再定位（Product Repositioning）、通路再定位（Channel Repositioning）、強化促銷活動與公關活動等。由此可知，公司必須運用企業內部與外部的資料來源，加以判斷市場競爭者的動向與意圖。

由於競爭者對於價格的變動常有不同的因應措施，而使得此一問題變得相當複雜。茲以價格戰之降價為例：競爭者能推測該公司企圖攻佔市場；或者公司經營不善而設法增加行銷量；或者公司想要帶動與領導整個產業，因此即降價以刺激市場總需求。

綜觀以上所述，當競爭者愈來愈多時，公司之行銷部門必須評估每一個競爭者可能會有的反應。如果所有競爭者的反應與動作相類似，則行銷人員只要分析一個具代表的競爭者之國際行銷訂價策略加以攻擊即可掀起國際市場價格戰（International Market Price War）。

此外，亦有許多企業都偏好以高價格來「吸取」，或稱「榨取」（Skim）市場最大利潤，所謂「暴利」就是此種訂價最典型的成果。此種「羊毛出在羊身上」的訂價方式即稱為市場吸脂訂價（Market-Skimming Pricing）。

市場吸脂訂價策略在下列各種狀況中最為管用：

一、對當期需求較高的購買者人數足夠多。

二、少量生產的單位成本不至於過提高價格所帶來之利益。

三、打從一開始就訂定高價格並不會招來競爭者的眼紅與競賽。

四、產品價格高能產生更高的品質形象（Quality Image）與企業

形象（Business Image）。

由以上所述觀之，訂價策略可依各種不同之目的與理由，實分為各種能在市場上作戰的價格策略。茲將可在行銷戰中決勝的訂價策依不同目的與理由詳細敘述如下：

一、滲透訂價（Penetrating Pricing）

滲透訂價之目的與理由乃為了立即提高國際市場行銷量與國際市場佔有率，並進而控制國際市場之利基與定位優勢。

二、吸脂訂價（Skimming Pricing）

吸脂訂價之目的與理由完全是為了立即賺取豐厚的國際行銷利潤，並以名牌或精品的產品形象切入國際市場。

三、加成訂價（Markup Pricing）

加成訂價之目的與理由完全著重於因應國際買主之殺價習慣（Price-Cutting），以提高加成之價格以避免導致虧本。例如行銷中東市場均以此訂價策略為之。

四、折衷訂價，又稱分離訂價（Breakdown Pricing）

折衷訂價之目的與理由乃為了控制生產供應商之生產量（產能）以及出貨量與國際市場訂單之產銷配合、協調與合作。即以訂單中之多少數量與訂價策略相互衡量與整合。

第三節　國際行銷之報價條件

在全球經貿實戰中，即以國際貿易原有之報價條件擴大為國際行銷報價條件之實戰運作。例如：國際貿易的報價條件FOB通常在國際行銷商戰中都報給國際目標市場口商；另方面，諸如C&F（CFR）與CIF習慣在國際行銷商戰中報給國際目標市場之批發商、零售商、百貨公司、超級市場、連鎖加盟店（Franchising Store）以及採購組合（Buying Mix）〔註：採購組合大都以零售系統之百貨公司、連鎖專賣店為主流，組成一支龐大的國際行銷採購團（Buying Groups）〕。

綜觀以上所述，為了進一步闡明國際行銷之實戰報價條件，茲再將所有的國際行銷報價條件詳細分述如下：

一、FOB（Free On Board）

船上交貨價格，亦即在出口行銷之報價條件，出口商只負責將國際商品運送至出口地港口之船上，通過輪船欄桿（船舷），再安全放置於甲板（On Board）為止，至此出口商之責任即解除（Free），因此，此種報價條件即稱為FOB（Free On Board）。

另方面，我國海關為了方便課徵進口關稅起見，特別將FOB稱為「離岸價格」。因此，在國際行銷之文件（尤其報關文件）中即常出現「離岸價格」之字眼。

二、C&F（Cost & Freight）/CFR

此即FOB成本再加上海運運費（Sea Freight）或空運運費（Air

Freight）之總稱。由於海運運費係因輪船公司之是否為同盟船
（Conference）或非同盟船（Non-Conference）之船公司而有所不同；
另方面，貨櫃運輸之包櫃費（Box Rate）以及整體（Container
Yard/CY）與併櫃（Container Freight Station./CFS）之各別作業而使
各家輪船公司所報出的海運運費亦都有差異。

其次，空運運費就一般而言大都比海運運費還高，因此，凡國
際行銷商品所具備之尺寸較小、重量較輕、體積較窄的商品特性最
適合以空運運輸並採行國際行銷之報價條件為C&F。

三、CIF（Cost, Insurance and Freight）

此即FOB成本，加上保險費再加上海運運費或空運運費之總
稱。亦可以C&F再加上保險費之總和稱為CIF。在國際行銷之報價條
件中，CIF乃在出口行銷時，出口商必須負責費、保險費、報關費、
貨物打盤費、裝卸費、檢驗費，一直到貨物抵達目的地港口為止，
至此出口商方可卸下責任而由進口商繼續接著擔負貨物安全的責
任。

國際行銷報價條件FOB、C&F、CIF之差異性分析

	FOB （船上交貨價） Free on Board	CFR（＝C&F） （運費加成本價） Cost & Freight	CIF (成本、保險加運費價) Cost, Insurance and Freight
對出口者之貨物的危險負擔	這些條件都是出口地港中貨物裝船前或運到機場仕的運美人（航空公司或代理店等）所具之貨物搬運的設備。		
運　費	輸入者負擔	輸出者負擔	
保險費	（投保是出口者的責任）		輸出者負擔
表示方法	FOB輸出地港名	C&F輸入地港名	CIF輸入地港名
（從日本到美國的出口例子） （從美國到日本輸入時的例子）	FOB Vessel Kobe FOB Tokyo Air Port FOB Vessel San Francisco FOB Los Angeles Airport	C&F Vessel San Francisco C&F Los Angeles Airport C&F Vessel Kobe C&F Tokyo Air Port	CIF Vessel San Francisco CIF Los Angeles Airport CIF Vessel Kobe CIF Tokyo Air Port
提單（B/L）或空運提單（AWB）的運費欄的表示方式	FREIGHT COLLECT（運費到付）	FREIGHT PREPAID（運費預付）	
提單或空運單及其他單據之提出義務	出　口　者　有　此　義　務		
保險單的提出義務	出口者無此義務		出口者有此義務

資料來源：許長田　教授編著，《國際貿易經營與操作實務》，P.79.

個案研究

　　另方面，我國海關亦為了方便課徵進口關稅起見，特別將CIF稱為「起岸價格」。因此，在國際行銷之文件（尤其報關文件）中即常出現「起岸價格」之字眼。茲將國際行銷報價條件之FOB、C&F與CIF以企劃表格再詳細比較其差異點如下：

英國麥斯國際行銷公司之國際行銷策略

　　一九九四年八月十一日，總公司設於英國倫敦的麥斯國際企業集團之行銷主管正研擬策略以因應英國政府最近頒佈的經貿政策；該政策係要求麥斯國際企業公司將其行銷美國市場之兩種西藥降價百分之三十，其理由為該公司在英國行銷被控訴有圖取暴利之嫌。

　　該公司為全球最大之處方藥品製造廠商，其平均年度營收總額為80億英鎊。該公司產品行銷遍及全世界一百二十個國家；台灣市場亦有貿易代理商進口至台灣市場行銷。另方面，該公司產品種類亦有食品添加香料及調味品，其全球市場佔有率高達85%。

　　因此，麥斯國際企業集團的生存利基即為研究發展與國際行銷。該公司之經營政策為將1994年度之研究發展（R&D）經費，由1994年度總營業額提撥7%～10%做為年度預算。另方面，該公司行銷上述西藥與添加香料所獲得之利潤中有一大部份用於國際行銷拓展之業務，約佔20%。

　　綜觀以上所述分析，該公司擬訂的全球行銷訂價策略中提到：總公司研究部之研究費及總公司之管理費均視為總經營管理之固定成本，應轉嫁給產品消費者或由下游分公司直接自行吸收。

　　然而，從整個世界市場行銷之立場而言，全球各國市場之實際售價必須依照各該目標市場當地之接受性為指標，也就是說，各國目標市場之零售價格往往不一致，這是國際行銷訂價策略必須考量的特點與重要因素。更進一步說，該公司之產品在英國市場之售價低於歐洲市場及全球市場；最明顯的實例為：該公司之產品在英國市場之售價較英國本國之售價高出

五倍之譜；而進口至台灣市場之售價亦高於英國市場的三倍多。因此，該公司國際銷部門經理擔心深恐英國政府的政策將會引發各國政府針對該公，司在世界各國行銷產品採行之不同價格政策進行調查與抵制。

　　麥斯國際企業集團之因應措施為以下兩種策略：

　　一、該公司積極向英國政府提出上訴請求，以取消行政當局要求該公司降價之行政命令。

　　二、該公司擬在「倫敦金融時報」刊登整頁啟事為該公司之訂價政策提出解釋與辯護。

國際行銷問題點之突破

1. 該公司應採用哪些行動方案與應變措施，以使全球市場之進口商與消費者不致遭受損受？

2. 試以該公司之國際行銷訂價策略為實例，請評估其優、缺點！該公司是否應修訂其原來之訂價策略？如何修訂？

3. 該公司是否應參照全球目標市場之市場規模與進口關稅、貨物稅等因素，再擬訂國際行銷訂價策略？試研究其原因何在？

討論課題

1. 試以出行銷為實例，台灣貿易商出口報價給美國進口商，請分組研討進口商較喜愛何種報價條件？FOB；C&F或CIF，請說明理由！

2. 出口廠商為了因應國際市場Buyer殺價，最佳的訂價策略為何種訂價，試研討其原因與效果！

3. 中東市場之行銷活動大多以佣金代理商（Commission Agent）為主流，試研討台灣出口行銷至中東市應採用何種訂價策略？試說明理由！

4. 歐洲與美國之百貨公司或零售連鎖店較喜愛CIF報價條件，試研討其原因與效果！

第八章 國際行銷通路策略

International Marketing

本章學習目標
e-Learning Objective

■瞭解國際市場行銷通路之種類與內涵。

■瞭解國際行銷通路中的通路領袖（Channel Leader）為批發商與零售商之綜合角色及其在行銷通路中的功能。

■學會設計國際行銷通路之特性、長短與功能等技巧。

■瞭解歐洲與美國市場的採購組合（Buying Mix）實為具有行銷通路最具創新的功能。

■瞭解美國市場與歐洲市場行銷通路中的中間商，往往是專業的國際行銷公司發揮通路的物流功能。

第一節　國際行銷通路之意義

國際商品在國際市場行銷最重要的舖貨環節即是國際行銷通路。在國際行銷通路中，除了進口商（Importer）與出口商（Exporter）之外，尚有零售商（Retailer）、批發商（Wholesaler）、代理商（Agent）、中間商（Middlemen）等等，每一個角色都在國際行通路中佔有一席之地與物流功能。茲將國際行銷通路之意義詳細敘述如下：

所謂國際行銷通路（International Marketing Channels）亦稱為國際市場配銷通路（International Market Distribution Channels），係指國際商品自生產製造商（Manufacturer/ Maker）經由國際市場中間商至進口市場消費者的整個國際行銷結構（International Marketing Structure），亦即國際出口市場貨品自生產者向進口市場消費者移動時所經由的全部途徑。

然而，國際商品從生產廠商到達最終市場，必須包括兩種國際市場舖貨流程：其一為所謂「交易流程」（Transaction Flow），或稱為「所有權流程」（Ownership Flow），乃經由國際市場中間商交易行為，將產品的所有權逐次轉移，以達到最後消費者或使用者手中。另一為所謂「實體流程」（Physical Product Flow），或稱為「實體配銷」（Physical Distribution），此即藉由各種儲運（倉儲與運輸）及其他服務機構所提供的服務，將國際商品送達最後顧客所指定之地點。

上述所謂中間商（Middlemen）主要包括代理商（Agents）與經銷商（Distributors），前者不具有國際商品之所有權，後者又可區分為批發商（Wholesaler）與零售商（Retailer）。至於涉及實體流程的機構甚廣，舉凡運輸（Transportation）、倉儲（Warehousing/Storing）

、保險（Insurance）、銀行（Banking）等實戰運作均屬此範疇。茲將
國際行銷通路以圖8-1表示再詳細敘述如下：

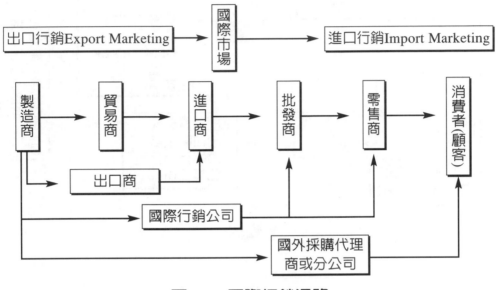

圖8-1　國際行銷通路

　　由圖8-1所述可知，中間商（Middleman）在國際行銷商戰中，實
繫著牽一髮而動全身的功能與效用。因此，在國際行銷通路中，無
論對直接通路（Direct Channel）或間接通路（Indirect Channel）而
言，中間商均具有各種不同之類型與功能。圖8-2即為在國際市場行
銷通路中，中間商之角色與功能類型：

第二節　全球市場競爭體系

環顧全球經貿體系與市場實戰運作，自一九九○年代（1990～
1999）以後的國際經濟實已邁入「市場國際化」（Market

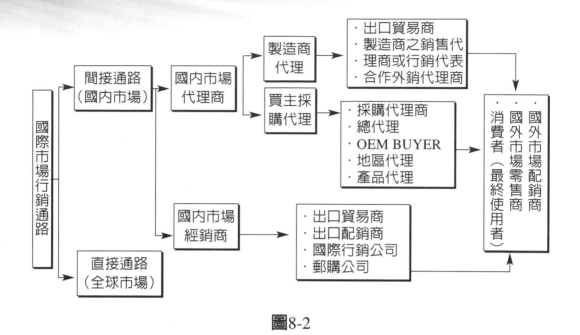

圖8-2

Internationalization）與「情報全球化」（Information Globalization）
所主導的創新紀元；而我國經濟發展與對外貿易在國際經濟秩序與
國際市場之主導下，亦已明顯地跨進國際行銷與國際投資的劃時
代。

　　正因為從國際貿易到國際企業的中間階段必須有國際行銷做為
媒介橋樑，因此，我國進軍國際市場與國際貿易經營戰略也由傳統
式的靜態被動扭轉為動態主動的實戰策略，並朝向「國際企業」
（International Business）、「跨國控股企業」（Multinational Holding
Business）與「多國籍企業」（Multinational Business）的目標邁進。
茲將全球企業競爭優勢、優勢競爭與國際企業之關係再以架構圖詳
細敘述如圖8-3：

圖8-3

第三節　國際市場行銷通路之企劃實務

一般而言，由於國際市場產品與國際行銷環境之不同，國際行銷通路系統亦演變成各種不同性質之類別，以下即是（1）傳統式國際行銷通路；（2）垂直式國際行銷通路；（3）水平式國際行銷通路與（4）多層式國際行銷通路。茲再詳細敘述其內涵如下：

一、傳統式國際行銷通路（Tranditional International Marketing Channel）

所謂傳統式國際行銷通路，其意係指供應商、進口商、批發商與零售商之間的關係各行其道，彼此各謀其利，對於國際貿易條件之談判，完全站在自己的立坦去考慮與爭取，各不讓步。只要國際

貿易之條件對彼此有利則互相可維持一定程度之關係，如果國際貿易條件不合，則將因互相談不攏而造成各自獨立行動，互相不配合。其典型的實況為：製造商尋找有意義銷其產品的進口商、批發商，而批發商則找尋有意行銷該產品之零售商；反之，零售商僅找尋能供應其合意的產品之批發商或製造商。因此，大多數國際商品之行銷仍停留在這一類傳統式國際行銷通路。茲將傳統式國際行銷通路以圖8-4表示如下：

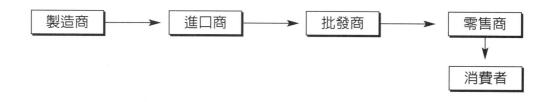

圖8-4

二、垂直式國際行銷通路系統（Vertical International Marketing Channels System）

所謂垂直式國際行銷通路（Vertical International Marketing Channels System，簡稱VIMCS）係指供應商、進口商、批發商與零售商在國際市場中均連結成一體，其中由某一通路成員從事全盤設計與管理以增進國際行銷通路效率的一種國際行銷通路。

垂直式國際行銷通路可以有效地控制行銷通路成員（Channel Members）的物流行動，避免個別成員為了一己私利而產生利益衝突。因此，垂直式國際行銷通路亦可分成以下幾大類：

（一）企業集團式垂直國際行銷通路系統

所謂企業集團式垂直國際行銷通路系統（Corporate Vertical International Marketing Channel System）係指國際市場產品的生產與配銷功能（Production & Distributing Functions）為由同一企業或同一企業集團之子公司、分公司所負責執行的行銷系統。例如：美國市場體系中最主要的市場領袖（Market Leader）即為美國市場零售連鎖行銷系統。素來享有美國零售業三巨頭（Big Three）之稱的Sears，Roubuck（施樂百，或稱為西爾斯）、J.C.Penney（潘尼）、K.Mart（凱馬特）等連鎖商店即屬零售連鎖行銷系統的一環，其商品多半來自企業自己擁有股份的製造商，儼然成了控股公司（Holding Company）之形態。

諸如此類型的國際行銷通路系統，其經營策略可以分為以下五大方面來敘述：

1.採購（Purchasing）：由於美國市場連鎖零售系統旗下的公司為數上千，因此，採購數量龐大，採購對象穩定與採購作業程序複雜。

2.行銷（Marketing）：美國市場的主要連鎖公司都各有其特定的行銷目標市場。因此，美國市場之行銷對象均著重在市場區隔下之消費客層。

3.組織與管理（Organization & Administration Management）：美國市場零售系統乃是以一些連鎖經營及企業集團化經營的零售公司為主。這些連鎖公司（Chain Store）及企業集團化零售公司（Syndicated Merchandisers）靠其龐大的採購能力及深入各地的零售網而行銷商品。

4.商品企劃（Marchandising）：美國市場連鎖公司不但是一群商店的組合，也是一種特有商品企劃概念（Merchandising Concept）的徹底落實與運作。

5.廣告（Advertising）：美國市場消費力高，市場潛力大，市場

機會多。因此美國市場零售連鎖行銷通路系統大多以廣告策略與商展（Trade Show/Convention）來進行市場推廣的活動。

根據本書作者許長田博士親自到美國芝加哥K-Mart總公司拜訪該公司總經理所得到之珍貴資料顯示；美國市場零售連鎖行銷通路系統乃建立在以下十種市場利基（Market Niche）上：

1. 供應商必須做美國市場Buyer（買主）想要的產品。
2. 供應商必須做品質優良的產品。
3. 供應商所報出的價格必須具有市場優勢（Market Advantages）與市場競爭力（Market Competition）。
4. 供應商必須能夠準時交貨。
5. 供應商絕對不能偷工減料（Cut Corners），以致影響品質與驗貨標準，造成貿易糾紛。
6. 供應商一定要能依照Buyer所下之訂單的規格交貨。
7. 供應商必須有良好的工廠配合製造、生產管理、品管、檢驗、包裝以及出貨事宜。
8. 供應商必須具有健全的公司組織與經營管理。
9. 供應商必須具有領導力、創新力、企劃力與行銷力。
10. 供應商必須是一具市場行銷導向的公司，方不至於閉門造車的設計商品，製造出不被美國市場接受的產品。

（二）簽約式垂直國際行銷通路系統

所謂簽約式垂直國際行銷通路系統（Contractual Vertical International Marketing Channel System）係指某一產品的國際行銷通路成員，以簽訂契約為基礎，結合成行動一致，快速而有效的國際銷通路。

簽約式垂直國際行銷通路系統的種類繁多，但大致上可劃分為兩大類，第一類是向前整合式（Forward Intergration），亦即由國際

行銷通路排列在前面的成員（例如批發商或進口商）出面整合國際行銷通路的整體系統。茲舉兩個實例說明如下：供應商授權給批發商或零售商的「特許連鎖」（Feanchise），全球著名的速食業（Fast Food Industry）龍頭麥當勞（McDonald's）即是最典型的實戰個案。再如供應案授權給進口商或代理商的「獨家代理」（Exclusive Agent），國際市場享有盛名的賓士汽車（BENZ），台灣市場的獨家代理或稱為總代理（General Agent）即是中華賓士公司，此亦為最典型的實戰個案。

第二類是向後整合式（Backward Integration），亦即由國際行銷通路排列在後面的成員（例如零售商或連鎖專賣店）出面整合國際行銷通路的整體系統。茲舉兩個實例說明如下：台灣市場眼鏡零售業由全省三十三家零售業者合組成「模範眼鏡公司」，共同採購貨品及共同廣告，以與「寶島眼鏡公司」全省四十三家分公司分庭抗禮，此即為最典型的實戰個案。此外，再如台灣市場西藥零售業者聯盟組合為企業聯盟的「靈獅西藥加盟專賣連鎖店」，亦以整合式的廣告與促銷活動等策略，以與「屈臣氏」連鎖店互別苗頭。

以市場利基的觀點而言，簽約式垂直國際行銷通路系統具有多種優勢，其中最重要的當然是可以集中採購戰力、結合廣告戰力、整合促銷活動、慎選商店立地戰略、提供良好店頭廣告（Point of Purchase/POP）、商圈與商店內動線規劃、員工教育訓練、提供財務融資、會制度建立與輔導、管理策略之傳授等各項優勢定位（Advantaged Positionsing），實在遠非獨立經營的零售商店有所比美的競爭優勢（Competitive Advantages）。因此，此種國際行銷通路在未來全球市場行銷戰中，深具得天獨厚之市場利基（Market Niche）。

（三）管理式垂直國際行銷通路系統

所謂管理式垂直國際行銷通路系統（Administered Vertical
International Marketing System）係指某一國際行銷通路成員的規模與
市場影響力都較大，進而運用國際管理策略，促成整國際行銷通路
緊密地結合，所謂「連得多，鎖得緊」即是連鎖通路最主要的精
髓。例如：在頗龐大特定企業規模中的大型製造商，其在產品切必
國際行銷通路上，往往可藉著整合國際行銷策略中的訂價策略，國
際商展（International Convention）、展示陳列、促銷活動與廣告等全
方位的實戰運作，而獲取批發商與零售商的商務合作。例如台灣在
北歐荷蘭鹿特丹（Rotterdam）設有「台灣機械展示中心」（Taiwan
Machinery Display Center）即吸引來自北歐各國，甚至西歐、德國、
英國、法國、義大利以及美國買主的興趣與採購。因為此種全方位
的商展能夠為製造供應商帶來無量大的OEM或ODM訂單。

附註：OEM: Original Equipment Manufacturing（「原廠委託製
造」，或「來樣代工」）ODM:Original Design Manufacturing（「原廠
設計製造」）。

綜觀以上所述，茲再將垂直式國際行銷通路系統以架構圖表示
如圖8-5：

三、水平式國際行銷銷通路系統（Horizontal International Marketing Channel System）

所謂水平式國際行銷銷通路系統（Horizontal International
Marketing Channel System）係指兩家或兩家以上的企業，彼此聯盟
結合，形成所謂的「企業聯盟」（Business Alliance），共同開發國際
市場。其中最主要的結盟因素，乃在於個別企業本身的專業、財
務、技術、行銷、採購、製造、企劃、管理、創新、R&D、國際行
銷網等不足以獨立開發國際市場，或是個別公司不願負擔太大風

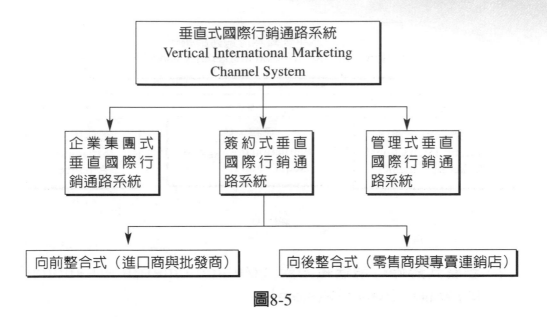

圖8-5

險，或是企業聯盟後可具備「企業經營綜效」（Business Management Synergy）。此種國際行銷通路可稱為「共生國際行銷通路」（Symbiotic International Marketing Channel）例如一九九五年，全球電腦巨中——IBM收購合併/購併（Merger）蓮花（Lotus）電腦即為最典型的實戰個案。

綜觀以上所述，水平式國際行銷通路系統的最主要優勢即是能完全掌控國際市場行銷通路之命脈與環節，進可成為通路領袖（Channel Leader）；退可充分掌控下游的通路據點與最後小賣點（End Lots）。茲再將水平式國行銷通路系統以架構圖表示如圖8-6：

圖8-6

四、多層式國際行銷通路系統（Multichannel International Marketing Channel System）

所謂多層式國際行銷通路系統（Multichannel International Marketing Channel System）係指供應商（製造商、進口商或批發商），同時採用兩種或兩種以上的國際行銷通路，以供應同一個國際目標市場或不同的國際目標市場。

茲將多層式國際行銷通路系統以架構圖詳細敘述如下：

綜觀以上所述，茲再舉以下個案實例說明多層式國際行銷通路系統之特殊效果：

台灣市場有許多進口國際名牌之時候、服飾或化粧品，其行銷通路一方面自行開設服飾專賣店，另一方面則在百貨公司設立專櫃，同時亦在其他服飾店內寄售服裝，例如ESCORT名牌與VIVI名牌等，都是多層式國際行銷通路系統（此即指台灣市場進口行銷之多層式國際行銷通路系統）。

綜觀以上所述，國際行銷通路中的進口商（Importer）與批發商（Wholesaler）往往會控制整個國際市場的物流活動，而形成所謂的「通路領袖」（Channel Leader），而零售商（Retailer）亦在下游控制

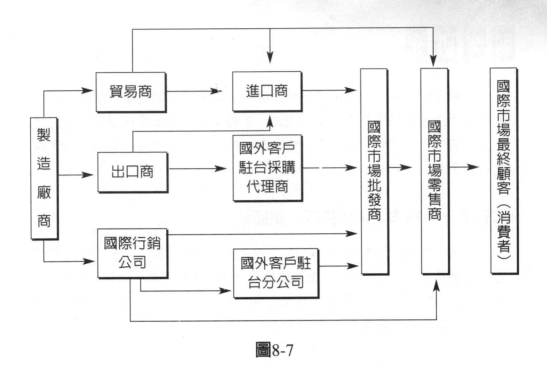

圖8-7

零售系統的連鎖通路，而形成所謂的「連鎖領袖」（Franchising Leader）。因此，在進口行銷之市場競爭態勢中，進口商、批發商與零售商實為行銷通路中之主角功能。

個案研究

環顧全球市場,世界各國企業在國際行銷通路策略之實戰運作方面,其所採用的通路均不完全相同。因此,本個案研究即採取與以往不同之角度來研究:本個案舉出全球各國企業在國際行銷通路之成功策略,以饗讀者與學子!

<個案一>日本企業的國際行銷通路:

Erina Company為日本專業行銷女性內衣之著名企業,該公司採用直接行銷之策略來行銷女性內衣,並且組織了卅萬名銷售代表(Sales Reps),其中99%是家庭婦女,此種直銷方式比原來的行銷通路效果更大,因此,行銷業績、市場行銷量與市場佔有率隨即提高很多。

<個案二>義大利企業的國際行銷通路:

Procter and Gamble為義大利的皮件公司,該公司採用國際廣告與國際直銷通路以及批發貨物給批發系統,因而建立起屬於國際性的著名品牌。當然,國際行銷業績亦相當成功。

<個案三>美國企業的國際行銷通路:

全球電腦巨人——IBM在國際行銷通路中常直接找國際買主來買電腦;並且早已建立自有的零售連鎖店,此種行銷策略證明了直接行銷的功效很大。因此,國際行銷通路必須整合成為區域行銷與策略聯盟的型態與利基,方能在國際行銷通路戰中立敗之地。

未來的國際行銷商戰是通路戰、定位戰、否定市場利基戰、廣告戰與價格戰等全方位之全球商戰。

討論課題

1. 試研討國際行銷通路在整體國際行銷戰中佔有何行種重要地位？

2. 試研討為何歐洲與美國的採購組合（Buying Mix）能控制行銷通路之貨源、物流管理與實體分配，請討論其成功之原因！

3. 試研討台灣企業如何在美國市場建立國際行銷通路與物流管理制度？

4. 試研討台灣企業如何在歐洲市場建立國際行銷通路與物流管理制度？

5. 試研討台灣企業如何在日本市場以及中國大陸市場建立國際行銷通路與物流管理制度？

International
Marketing

本章學習目標
e-Learning Objective

■瞭解國際市場行銷傳播策略之意義與
　內涵。

■瞭解國際廣告之製作、創意與全年度
　廣告預算之擬訂策略。

■瞭解國際行銷之銷售戰力管理之意義
　以及人員實戰推銷之教育訓練制度。

■瞭解國際市場行銷之銷售戰力的整體
　企劃內涵與技巧。

■瞭解國際商展之意義與實戰運作技
　巧。

第一節　國際行銷傳播之意義

所謂「國際行銷傳播」（International Marketing Communications）係國際行銷活動必須藉著國際廣告、國際商展、國際行銷人才以及國際商品型錄（International Commodity Catalogs）等國際市場作戰資源以推展國際商品或服務至國際市場上市、成長與發展的整體性及全方位的國際商戰活動。

茲再將國際行銷傳播活動詳細介紹如下：

一、國際廣告（International Advertising）

刊登國際市場媒體之廣告能為出口行銷或進口行銷帶來國際行銷訂單與業績；例如家用品出口行銷至美國市場，其最重要之廣告媒體即為（HOUSEWARES）專業雜誌最為有效。除此之外，國際廣告媒體還有電視、報紙、廣播、多媒體、電腦動畫、車體廣告、戶外看板、霓紅燈等。國際行銷公司應以預期目標、廣告預算以及業績為訴求重點，再決定選擇購買媒體之種類，此即為慣常稱的「媒體戰略」（Media Strategy）。

二、國際商展（International Convention）

參加國際商展能為進口行銷與出口行銷帶來許多潛在客戶與訂單；例如，參加或參觀美國芝加哥McCormick Place之國際商展效果非常驚人，常能當場接獲國際買主所下的訂單與訂金。其他諸如紐約國際商展、洛杉磯國際商展、米蘭商展、法國克福國際商展、巴黎國際商展、倫敦國際商展、東京、香港以及台北外貿會舉辦之國際商展都是全球著名的國際商展。

三、國際行銷人才

國際化企業必須培訓國際行銷人才，使其具備下列之各種實戰條件與素養：

1. 外語能力必須極強。
2. 國際市場之敏感度要極高。
3. 國際貿易實務必須很深入瞭解。
4. 國際金融必須限很內行。
5. 國際商戰談判技巧必須熟悉。
6. 必須具有國際觀與行事之魄力。

四、國際商品型錄

國際商品型錄必須製作得很精美，同時，必須注意如果有某種商品已不再製造或不再行銷於國際市場，則必須將該商品從國際商品型錄中剔除，並且必須向外商解釋不再生產與行銷該商品（No More Production & Marketing This Item），這樣，才能使得賓主盡歡，完成國際行銷活動，達成國際行銷預期的業績與國際市場佔有率，充分完成國際行銷之使命與任務。

第二節　國際行銷之銷售戰力管理

環觀全球性跨國企業或國內各企業，大多數的公司都聘用行銷代表（Marketing Rep）或銷售代表（Sales Representative），而且許多公司皆賦予一流銷售人才（Top Sales）在行銷組合中位居關鍵的地位。銷售代表能非常有效地達成確定的銷售目標，然而，他們的行銷成本亦相對地較高。高階管理的經營者必須仔細思考，如何設

計與管理其人員銷售的作戰資源。

因此，銷售戰力（Sales Force）之設計必須先決定銷售目標、策略、組織結構、規模及人員薪資（包括底薪與獎金）。銷售力的目標包括開發潛在顧客、溝通訊息、推銷與服務、蒐集資訊、以及配送產品，銷售力的策略包括決定最有效的型態、組合及銷售方式（單獨推銷、陌生推銷、小組推銷）等。銷售力的結構乃探討以區域、產品、市場或組合式的組織結構，並發展適當的區域市場的大小與市場銷售量。銷售力規模包括估計整體工作負荷量以及需要多少銷售時數銷售人員，因為人力與時間都應列入銷售力之考量範圍之內。銷售力薪資決策則包括決定薪資水準、以及支付的組成要素，諸如薪水、佣金、紅利、費用及福利等。

銷售力管理之目的乃在研討銷售代表的招募與甄選、訓練、督導、激勵、帶領、魔鬼訓練、心理建設及評估等相關的重要課題。而在銷售人員的管理技巧方面，則以「走動式管理」（Management By Walking Around / MBWA）之管理績效（Management Performance）為最上乘。

在銷售這一行業中，有許多專用名稱與頭銜：例如銷售代表（Sales Representative）、推銷人員（Salesperson）、銷售工程師（Sales Engineer）、客戶專戶代表（Account Executive/AE，此為廣告公司之專業稱呼）、銷售顧問（Sales Consultant）、行銷代表（Marketing Rep）、地區代表（Field Representative）、業務代表（Business Representative）、業務代理人（Business Agent），以及服務代表（Service Representative）等。

一般社會人士似乎對於推銷人員都存有很刻板與不起眼的印象與定位。誠如亞塞‧米勒（Arthur Miller）在其著名「一位推銷人之死」（Death of a Salesman）一書中所描述的主角，可憐的威利‧羅曼（Willy Loman）一樣，似乎推銷人與「清高」很難沾到邊。因此一般

人都認爲銷售代表的特色就是善於交際應酬、能言善道、笑臉迎人。事實上，這個極大的顛倒與錯誤的觀念。其實，銷售工作是行銷所涵蓋的全方位領域的一環，與廣告、促銷活動、行銷企劃、行銷研究、公關同屬於行銷的範疇。茲將此種特殊關係以圖9-1詳細說明：

（1）國內市場

圖9-1

第三節　國際市場銷售戰力之企劃

在許多顧客的心目中，銷售代表就是公司的化身，代表公司對外的一切活動與行爲。因此，銷售人員乃公司與顧客間的橋樑，同時也爲公司帶回許多有關顧客的重要情報。因此，企業對於銷售力的企劃，必須做最詳盡與全盤的考量，此包括發展銷售力的目標、策略、結構、規模以及銷售人員薪資等重要項目。

茲將所謂「國際市場銷售戰力管理」的定義詳細敘述如下：

所謂「國際市場銷售戰力管理」（International Market Sales Force Management）係指有關國際市場銷售戰力各項戰技之分析、規劃、執行、及控制之綜合運作而言。其程序包括銷售戰力目標之訂定；銷售人力策略的研議；以及推銷人員的羅玫遴選、任用、訓練、督導以及考核等。

茲再將國際市場銷售戰力管理之各項決策與架構以圖9-2詳細說明如下：

國際市場銷售戰力企劃之內涵與步驟可再分爲下列各種重要項目：

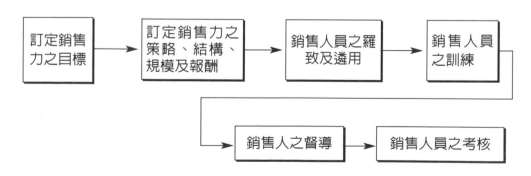

圖9-2　**國際市場銷售戰力管理之決策架構與步驟**

一、訂定銷售戰力之目標（Setting up Sales Force Target）

　　銷售戰力目標必須根據企業之目標市場的特性與公司在此市場上的定位來擬訂與企劃。因此，公司必須考慮人員推銷在行銷組合中所扮演的獨特之角色，以使其發揮銷售效率而能滿足目標市場顧客之需要。人員推銷乃公司對顧客最昂貴的接觸與溝通媒介。

　　然而，從另一方來說，人員推銷（Personal Selling）在購買程序的某些階段也是最有效的工具，諸如教育消費者、協商與完成交易等的購買階段。因此，公司必須仔細思考何時及如何利用銷售代表來協助行銷任務之執行，這點是非常重要的理念與技巧。

　　茲將企業與管理銷售戰力的全方位流程系統以圖9-3再詳細敘述如下：

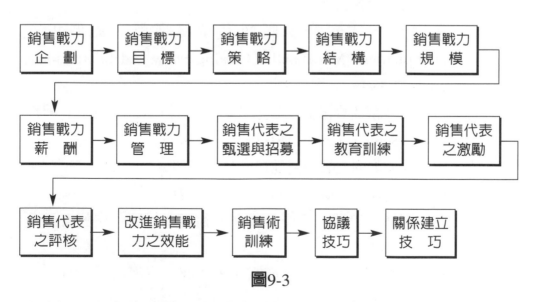

圖9-3

資料來源 《行銷管理學》，方世榮譯，東華書局。
　　　　取材自：PHILIP KOTLER"MARKETING MANAGEMENT "P.874

綜觀上述，公司必須為其銷售戰力設定不同的目標。而銷售代表的任務組合將會隨著經濟情勢與市場變動的不同而有所改變。在普遍發生產品短缺（缺貨）的情況下，許多銷售代表發現他們實在沒有產品可銷售。此時，有些公司便遽下結論，認為其公司之銷售代表過多，應該裁員。然而，此種作法卻忽略了銷售人員的其他市場角色，如分配產品、安撫不滿的顧客，以及擬訂國際市場作戰計劃等功能。

另方面，為了詳細介紹國際行銷推廣策略，茲將有效的行銷實戰技術再詳細敘述如下：

一、為國際目標市場製造OEM產品及半成品（Semi-finished Goods）

二、將原料與配件出口行銷至各開發中國家及未開發國家後，再轉銷至已開發國家或工業化國家。

三、為國際市場的買主尋找其下游的買主；為國際市場的賣主尋找其上游的供應商。

四、在海外各國舉辦國際商品型錄展與商品展售會（International Merchandise Catalog Show and International Trade Show）。

五、接洽國外廠商尋求擔任獨家代理（Exclusive Agent）、銷售代理（Selling Agent）與採購代理（Buying Agent）。

六、為本地或本國之製造商進口原料、配件或零件。

七、在國內與國際市場籌辦本公司之商品展。

八、在國際貿易媒體刊登廣告或在外銷專業雜誌中夾著自己公司產品之型錄。

九、出國拜訪國際市場之批發商、零售商、專賣店、百貨公司以及超級市場。

十、在國內各大飯店現場接洽國際買主或供應賣主，達成面對

洽談生意（Face-to-Face Business Discussion）的目標。

最後，筆者必須再提出一個觀念，那就是國際行銷人才必須先瞭解國際目標市場、儘早做好國際行銷研究與市場調查，並做國際市場規模之評估。

所謂市場規模（Market Scale）即為在整年度中某特定單一產品在目標市場之生產量，加上進口量，再減去出口量所獲得之結果。茲將市場規模評估之公式詳細敘述如下：

市場規模（Market Scale）
＝生產量（Production）**＋進口量**（Import）**－出口量**（Export）

茲舉一個案實例再詳細說明如下：假設台灣市場行動電話（Mobile Phone）之整年度市場規模為八千億新台幣（數量乘以單位價格，等於總市場規模），則企業可考慮投資此種商品並切入台灣市場，以做全方位之行銷作戰。

二、市場佔有率（Market Share）

所謂市場佔有率（Market Share）即為自己公司在目標市場所能供應之總行銷量，除以在目標市場中總行銷量（包括所有競爭者之總行銷量）。茲再以公式詳細敘述如下：

市場佔有率（Market Share）
$$= \frac{\text{自己公司所能供應之行銷量}}{\text{目標市場所有競爭者之總行銷量}}$$

茲再舉一個案實例詳細敘述如下：假設台灣市場之筆記型電腦（Notebook Computer）之市場佔有率，某電腦廠商佔有百分之十八，則其市場佔有率即為18%。

三、有效市場（Effective Market）

所謂有效市場（Effective Market）即為不需要透過廣告或促銷活動，即能達成某種行銷業績之目標。例如潛在市場為一百萬套之電腦辭典，而有效市場為十萬套電腦辭典，當產品一上市，即有許多顧客趕著搶購，則有效市場即為10%。

個案研究

　　美國飛利浦‧莫里斯（Philip Morris）國際企業集團所投資之
Personna刮鬍刀片在國際市場推廣之實戰策略。

　　「寶聖娜」（Personna）刮鬍刀片係美國煙草大王飛利浦‧莫里斯國際
企業集團之投資事業。

　　由於吉利刮鬍刀片之興起，產生國際市場之競爭態勢，而Personna公
司最近幾年來之國際行銷業績一直無法達到預訂的行銷目標。從該公司在
一九九四年所做的國際市場調查報告中顯示：該公司全球市場行銷業績下
滑的主要因素，為全球行銷網與經銷體系太鬆散與不強化行銷管理制度使
然。

　　事實上，該公司之國際行銷人員都積極開創行銷業績。然而，該公司
的行銷代表（Marketing Reps）並無法兼顧經銷商的教育訓練工作。因
此，為主要競爭對手－「吉利公司」搶攻了不少的目標市場。

　　綜觀以上分析資料，該公司面對著此一行銷問題點所採取的應變措施
為以下三種策略：

一、藉重專賣消費品之專賣店打開行銷通路。

二、透過便利商店（Convenient Store）（例如7-Eleven）之據點，藉
　　著連銷便利商店的物流通路，以提高舖貨率與銷售量。

三、強化國際行銷人員對經銷商之輔導與教育訓練。

　　此外，該公司之國際行銷經理亦曾就舒適牌刮鬍刀片在德國市場所獲
致之實戰經驗加以參考借鏡，以OEM國際行銷策略及國際企業併購
（International Business Merger）策略進行全球市場之推廣活動。

國際行銷問題點之突破

1. Personna公司行銷全球市場之市場機會點有哪些？其是否應將行銷
　　再定位，以開創另外嶄新的市場？

2. 請就上述提該公司之因應策略，試評估其優點與缺點。並提出有何

改進的成功策略！

3. 請以國際行銷管理之觀點，試思考該公司應採取何種國際行銷管理制度與國際行銷人員的教育訓練計劃？

4. 試以該公司之立場而言，該公司應如何輔導全球經銷商與如何突破國際行銷通路？

5. 該公司在此個案中並無明顯的國際廣告與國際商展的計劃，試為該公司擬訂國際廣告計劃與國際商展計劃！同時，並為該公司編列國際廣告預算與國際商展預算！

討 論 課 題

1. 試研討如何培育國際行銷專業人才，請就身為一位專業的國行銷人才所應具備的條件與素養等問題加以討論，並說明其原因與理由！

2. 試研討國際商品型錄如何製作，並請敘述其創意與設計之概念！

3. 試研討國際廣告媒體如何購買與選擇，並擬訂編列整年度之國際廣告預算！

4. 如果國際買主反應 "Your Price is too high"，試研討身為一位稱職的國際行銷人才，應如何因應此種情況？

第二篇

國際經貿資源管理
International Resources Management

36,453,170

71,115,483

5,100,428

35,373,058

71,635,307

58,760,094

6,846,786

International Marketing

本章學習目標
e-Learning Objective

■瞭解國際市場之經貿組織及其功能。

■瞭解歐洲共同市場之組織、功能及其改變為歐盟（European Union／EU）之經過

■瞭解國際經貿活動為國際行銷之主流，並以市場區隔與策略聯盟達到國際市場行銷之經貿體系。

■瞭解台灣積極爭取加入GATT（關貿總協定）與WTO（世界貿易組織）之意義與原因。

■瞭解太平洋盆地與加勒比海盆地經濟區之差異與其對國際行銷之影響與貢獻。

第一節　國際區域市場經貿特性

國際行銷組織的目標，是使公司能夠及時反應國際市場環境的變動。同時，能從國際市場吸取有價值的知識、經驗與技術，才能使公司國際化而成為整體性的國際企業（Global Business）。

　　管理國際行銷方案，無需成為精通世界各國的專家。顯然，經營人員投注於某個國家的行銷努力時，應深入了解該市場及國家，經營人員也許是當地代理商、務代表或員工。國際行銷人員應善於與這些經營人員相處。本章將逐一探討全世界各區域次市場特性，以供讀者有效地與行銷小組相配合，提供全世界各地市場顧客最佳的服務。

　　本章架構環繞於全世界各主要區域，提供相當開闊的視野。前半章將描述經濟全作及優惠貿協定的情形。後半章描述全世界各主要區域市場的特性，並以一個國家市場的深入研究作為結束。

　　目前全世界的經濟體系可分為三種型態：即資本體制，社會體制及混合體制，這樣的分類方法乃是以體制中資源的分配方法為基礎，其相互對應的分配方式分別為市場分配（Market Allocation），統制或中央計畫分配（Command or Central Plan Allocation）及混合式分配（Mixed Allocation）。

一、市場分配

　　市場分配體制以消費者的選擇，作為分配資源的依歸。消費者的決定及購買決策，導引整個社會的生產行為。歐洲、美國及日本均為市場分配體制的典範例，這三大國家團體，即占了全世生產毛額的四分之三。

二、統制分配

在統制分配體制下，資源分配的決策，如生產何類產品及如何生產等，均由政府主管決定。汽車、鞋子、機車及電視的數目及其大小、顏色、品質或特性等，悉由政府決定，不似市場體制中完全尊重消費者的購買決策。這兩種分配方式恰如兩個極端，基本反映出個人在社會中角色扮演的不同看法。市場體制是一種經濟性的民生體制，金錢代表選擇的權力。集權體制下，消費者可自由花錢購買現有的東西，但決定生產何類產品的權力則掌握在政府當局。

三、混合體制

天底下沒有絕對的市場制或集權制。西方社會的市場體制中仍有集權部門，東方社會的集權體制也有市場部門。鐵幕內外世界的經濟體制均為混合式。所有資本市場體制均為混合式，即兼具市場及集權分配。國民生產毛額中由政府課稅而花用的部分，即市場經濟中的集權分配。這個集權部分，從日本的25%國民生產毛額以至於瑞典的57%。

今日全世界正積極邁向民營化（Privatization）的趨勢，混合體制中的市場機能日益吃重。美國郵局轉身成為美國郵政服務（U.S.Postal Service）後，即積極邁向郵政服務的民營化及解除管制（Deregulation）。儘管其仍擁有獨家權力提供高級郵務，一夜之間，它必須與許多廠商競爭。現在這項服務的資源分配已由消費者決定，而非郵局主管。台灣未來的郵政又何嘗不是如此呢？

猶如市場經濟中的集權部門，集權經濟中仍有市場部門，根據供需法則來決定生產及價格。很多社會主義國家均允農夫在市場自由買賣部分農產品。

截至目前經濟績效來看，市場體制無疑擁有絕對之優勢。這項優勢反應自選民努力推動政府體制走向民營化。政府的稅收來源正依賴大多數民眾積極求變求好的心聲。

第二節　國際經濟合作與優惠貿易協定

一次大戰以來，經濟合作廣受各方囑目，歐洲共同社會的成功，激起國際間經濟合作的熱潮。經濟合作的程序深淺不一，舉凡兩國之間協定降低貿易障礙至多國之間全面性經濟整合皆是。十九世紀的德國關稅同盟及英國國內優惠關稅制度，降低德國內部關稅障礙及英國國際障礙之成效，一時傳為佳談。

二次大戰前，大英帝國成立大不顛國家優惠制度（British Common Wealth Preference System），制定英國、加拿大、澳洲、紐西蘭、印度及前英殖民地貿易關係。後來英國決定加入歐洲經濟組織後，導致這個系統的崩潰。接下來將介紹國際經濟全作不斷變化的風貌。

一、關稅貿總協定（GATT）

GATT為一促進國際貿易的組織，共有九十二個國家參加。成立多年以來，GATT時常召開會議，以便各國聚集討論談判關稅及貿易議題。望文生義，過去GATT扮演要求降低關稅障礙的角色相當成功，然而近年來，保護主義的基本手法已由關稅變為補助及市場分享協定。市場享與GATT倡議的一視同仁精神有明顯衝突，即對一國不公形同對所有國家不公，承認一國更應承認所有國家。

二、自由貿易區（Free Trade Area）

　　自由貿易區即一群國家相約廢除會員國之間所有貿易壁壘。自由貿易區內各會員國仍與其他國家維持獨立的貿易政策。有了避免貿易投機偏向低關稅會員國，產品來源認證制度已普遍使用。

三、關稅聯盟（Customs Union）

　　關稅聯盟為自由貿區的後續延伸。除了免除內部貿易障礙外，關稅聯盟的會員國並協定對外建立共同的貿易障礙。雖然關稅聯盟通常為自由貿易區轉變成共同市場的中介化身，今日世界已看不到實質的關稅聯盟存在。比利時、盧森堡及荷蘭曾互組關稅聯盟，1921年在成為歐洲經濟組織之前，這個組織就已經解散了。

四、經濟聯盟（Economic Union）

　　經濟聯盟成立的要件，包括內部關稅障礙的去除及共同對外障礙的建立。為了讓資本及勞力在會員國之間自由流動，亦需協調彼此之經濟及社會政策。因此，經濟聯盟不僅是個產品共同市場，更是服務及資本的共同市場。經濟聯盟演化的重要過程中，將建立統一的中央銀行，使用單一貨幣，共採用共同的政策，包括農業、社會福利、區域發展、運輸、稅制、競爭及兼併。經濟聯盟發展的最高境界需要高度的政治統一，猶如同屬一個國家。經濟聯盟會員國經整合後，將成立中立政府，將各自獨立的政治團體整合成為單一的政治架構。不消說，目前最成功的經濟聯盟範例，即歐共同市場。

第三節　國際區域經濟組織

一、安地斯集團（Andean Group）

此一集團成立於1969年，期望經由經濟及社會整合，促成各會員國一致而和諧的發展。會員國家包括波利維亞、哥倫比亞、厄瓜多爾、秘魯及委內瑞拉。該組織包括委員會、評議會、執行會、議會、公正法庭、儲備基金及開發公司。

此一集團之運作，經常受到政治問題所阻隔。1980年各會員國之間的貿易達十四億美元，約佔其對外貿易總額的4.5%，與1970年時的一億一千萬美元（占2.5%）相比已有明顯增加。1980年以前，哥倫比亞、秘魯及委內瑞拉之間製作品的貿易關稅，均已降低。

1971年以後，根據委員會決定，外商投資應轉移51%之股份至本地商，以享受優惠貿易的資格。在哥倫比亞、秘魯及委內瑞拉境內之股份移轉，應於1989年前完成；在玻利維亞及厄瓜多爾境內應於1994年前完成。外商公司不得匯回20%以上的股利，除非經過委員會特准。

二、東南亞國協（ASEAN）

東南亞國協1967年成立於曼谷，其目的在於加速東南亞地區的經濟成長及提高穩定性。會員國包括汶萊、印尼、馬來西亞、菲律賓、新加坡及泰國。東南亞國協工業互補計畫自1981年開始，鼓勵各會員國在特殊工業領域生產互補產品以享優待遇，如汽車零件等。會員國之間不斷商議降低彼關稅，並已採用共同的關稅碼。

雖然東南亞國協各會員國在地理上極爲鄰近，在很多方卻大相

逕庭。該組織之所以維持至目前的原因之一，即其幾乎無所作爲。

　　1987年中菲國總統艾奎諾（Aquino）力促該組織發揮實質的政經力量，並加強經濟整合，無奈效果不彰。看來還有很長的一段路要走！

三、加勒比海社會及共同市場（CARICOM）

　　CARICOM成立於1973年，目的在推動加勒比海地區的整合。其會員國包括安地瓜巴布達、巴貝多、貝里斯（Belaize）、多明尼加、格瑞納達、蓋亞那、雅買加、蒙特席拉特（Montserrat）、聖克里斯多福·那維斯（St.Christopher and Nevis）、聖路西卡、聖文森、格瑞那達（Saint Vincen and the Grenadines）與千里達、托貝哥。

　　加勒比海社會藉由加勒比海共同市場達到經濟整合的活動目的，該共同市場乃取代過去的加勒比海自由貿易協會（CARIFTA）。然而整合的目標卻處處受限，問題層出不窮。其成功的多邊清算機關（Multilateral Clearing Facility）自超過信用額度後已告倒閉。追溯CARICAOM進口產品產地證明的工作也相當困難，而這些困難均來自社區內部。

　　評議會爲共同市場主要機構，成員包括來自各會員國的政府長，負責共同市場的發展及順利經營，並解決運作功能引起的任何問題。然而，評議會所作的決策通常不太一致。

　　在合作條約下，下單位均爲共同社區的關係機構，包括加勒比海開發銀行、加勒比海考試會議、加勒比海投資公司、加勒比海氣象會議、法律育會議、區域航運會議、蓋亞那大學、西印度群島大學及東加勒比海洲組織。

四、中美洲共同市場（Central American Common Market）

中美洲共同市場在中美洲國家組織（Organization of Central American States）的贊助下成立，其主要之執行方針來自各國簽訂之中美洲經濟整合總條約。其會員國包括哥斯達黎加、瓜地馬拉、薩爾瓦多、宏都拉斯及尼加拉瓜。

該總條約研擬讓區域內貿易邁向自由化，並企圖建立一個自由貿易區域是關稅聯盟。1969年以前，95%以上的關稅項目已具自由貿易程度。剩下5%的產品，由另外的國際合約及特別協定所涵蓋。共同市場對外的稅率也已建立，在1980年前，已涵蓋99%的關稅項目。

五、阿拉伯經濟統一會議（Council of Arab Economic Unity）

本會議於1964年首度召開，會員國包括伊拉克、約旦、科威特、利比亞、茅利塔尼亞、巴勒斯坦、黎巴嫩組織、索馬利亞、蘇丹、敘利亞、阿拉伯聯合大公國、阿拉伯葉門共和國、葉門人民民主共和國。

目前會議已通過一項五年合作計畫，逐步致力於建立阿拉伯共同市場。各國員國也已起草邊協議，期能達成經濟統一，並已成立許多合資企業。

六、共同經濟協助會議（Council for Mutual Economic Assistance）

本會議於1949年成立，其宗旨期望透過合作開發及協調努力，協助其會員國發展經濟。在1962年時蒙古人民共和國獲准入會，1972年古巴加入，1978年越南亦加入。所有會員國包括保加利亞、古巴、捷克、東德、匈牙利、蒙古、波蘭、羅馬尼亞、蘇聯及越

南。阿爾巴尼亞在1961年底即中止參加會議活動。

根據憲章規定，會議得邀請非會員國參與，以配合相關功能或互動的領域。1983年會議在柏林召開時，即邀請阿富汗、安哥拉、依索匹亞、寮國、莫三鼻克、葉門人民民主共和國各國代表參加。

1964年南斯拉夫簽署協定，基於共同利益有限度參加會議的活動，並得以參加常務會議及其他共同利益牽涉到的功能。COMECON與芬蘭、伊拉克及墨西哥均有合作協定。

本會議成立宗旨，在於協調並整合各會員國的成果，以改進社會經濟整合的發展，促進預期經濟發展，達成經濟及科技的快速進展至更高的工業化水準，完成勞工生產力穩定成長，逐步邁向平衡發展的境界，漸次提升會員國的生活水準。

七、西非國家經濟組織（Economic Community of West African States，簡稱ECOWAS）

1975年十六個西非國家簽定條約，建立ECOWAS，以促進西非地區的貿易、合作及安定。會員國包括白寧（Benin）、伯奇納法索（Burkina Faso）、文迪角（Cpae Verde）、甘比亞、加納、幾內亞、幾內亞比索、象牙海岸、賴比瑞亞、馬利、茅利落尼亞、尼日、奈及利亞、塞內加爾、獅子山及多哥（Togo）。

八、歐洲經濟社會（The European Community）（The European Community），亦稱為「歐洲共同市場」EC（Common Market）

德國、法國、義大利、比利時、盧森堡、荷蘭、英國、愛爾蘭及丹麥在歐洲社區的架構下，互相結合成為經濟聯盟。這個組織根據羅馬條約而成立，於1958年元月1日正式生效。對於工業產品內部

稅捐的逐步降低,直到1968年7月1日完全免除。同時自其他非會員國進口產品稅捐逐漸一致,共同對外的關稅亦於1968年同時生效,預計在1992年完全免除內部產品及服務流通的障礙。

一項共同的農業政策已經採用。對內農業品稅捐已完全免除。大部分外來農產品的關稅已暫緩實施,改由各式進口徵收稅代替,以平衡內外產品的價格。該組織成立後已有多所進展,廢止資本移動限制,稅率一致,針對競爭及限性行為,如固定價格或公司兼併等,制定組織政策。再者,組織內部允許工人可自由到各地就業,公司亦可在各國建立及運作。

根據羅馬條約,歡迎各國與歐洲經濟組織結合,希臘及土耳其分別於1962及1963年加入,成為準會員國;根據協定,一旦關稅聯盟完成後,希臘及土耳其勢必成為完全之會員國地位。

羅馬條約亦提及歐洲經濟組織及會員國殖民地或附庸國之關係。1963年簽約的首次聯合協議,於1969年更新,規定工業品如何免稅輸入共同市場,並規定農產品的相關法規及熱帶產品可享部分優惠待遇,1975年共同市場與四十六個非洲、加勒比海及太平洋國家(ACP)簽訂新的貿易及經濟合作協議。此協議允許ACP所有工業品及96%的農產品免稅進入共同市場,另外協議中亦包括一項外銷收入穩定計畫,由共同市場提供ACP適當之發展支援。

九、歐洲自由貿易協定(European Free Trade Association)

EFTA在1959年於斯德哥爾摩開會成立,其會員國包括奧地利、芬蘭(準會員)、冰島、挪威、葡萄牙、瑞典及瑞士。EFTA成立之宗旨,期望帶動工業品自由貿易,並擴大農產品交易。1966年工業品的內部關稅已全面廢止。

EFTA對外未採取共同的關稅,每一個會員國均保留制定與非會

員國之間的關稅結構。爲了避免外來產品由低關稅會員國走捷徑，產品來源制度執行得相當徹底以杜後患。

根據1983年出統計，EFTA彼此會員國的出口額達一百四十五億美元，出口至歐洲經濟組織五百四十億，至美國六十八億，至東歐七十一億元，出口至歐洲經濟組織五百四十億，至美國六十八億，至東歐七十一億，至其他世界各地一百九十九億。

十、拉丁美洲整合協定（Latin American Integration Association）

LAIA於1980年8月成立，以取代1960年成立的拉丁美洲自由貿易協會。會員國包括阿根廷、玻利維亞、巴西、智利、哥倫比亞、厄瓜多爾、墨西、巴拉圭、秘魯、烏拉圭及委內瑞拉。

自由貿易協會爲一政府組成的機構，其宗旨在於增進彼此貿易，促進區域整合，提供會員國經濟及社會發展的層次。隨著自由貿易區逐漸建立後，乃陸續降低關稅及其他貿易障礙。

然而，自由貿易協會效益不彰。會員國之間總貿易量，只有14%受惠於該協定。國家愈富有者，受惠愈多。1980年整合協會乃取代，採取較溫和而彈性的宗旨。初期並不要求所有會員國一律降低關稅，而是設立雙邊優惠協定制度，視會員會的開發程度而定，對於完全共同市場的建立也未設定時間表。

資料來源：取材自《國際行銷管理》，環球經濟社，P.106~115，本書作者加以補充與修訂。

個案研究

美國微波爐公司

美國微波爐公司（簡稱AMCP）主管國際行銷之副總裁，要求經營企劃部經理JOHN WILLIAM為該公司生產之微波爐擬訂國際行銷計劃。該公司業已收到歐洲、拉丁美國及亞洲等地之微波爐詢價函件。該公司已決定開始大量外銷或簽訂海外經銷合約之前，必須擬訂具整體性之國際行銷計劃，以便衡量具備發展潛力之市場以及擬訂進軍世界市場策略。

（一）AMCP公司簡介

AMCP公司為AMERICAN INDUSTRIES集團成員之一；該集團已在國際各國成立二十家分支機構。1995年度集團之營收高達五十四億美元，員工總數為九萬七千餘名。該集團分為四大部門，AMCP隸屬於「專業服務與裝備部門」，該部門亦包括醫藥及電子產品、教育與專門職業出版，以及資源探勘等單位。該部門1995年度營收額為五億九十五百萬美元。

AMCP公司為美國本土成長最速、規模最大之微波爐生產廠商之一。最近四年以來，銷貨量已成長五倍。據估計，美國境內約有25%之家庭及服務業已使用微波爐。AMCP公司本身為該集團之利潤中心之一，而其經營幾乎有完全之自主權。

AMCP已於最近完成耗資八百二十萬美元之新廠，其廠址設於美國中西部。新廠之經營使該公司微波爐平均每日產能，自八百套增為二千套。該公司業已規劃增加40%之產能，預定於下一年度推出。新廠生產初期之主要產品為利用微波爐與傳統烹飪爐組件整合設計而成之爐具。此型爐具兼用微波及傳統熱能。使食品之烹飪更具彈性，亦可節省時間。

目前AMCP公司外銷量非常有限，但已在倫敦市成立銷貨辦事處，負責歐洲地區之行銷。該公司現在正考慮在日本成立分公司，以便將美國廠牌之微波爐配銷予日本市場之零售業者。

（二）微波爐

微波爐之發展係第二次世界大戰以後Raytheon機構之科學家發現真空管產生之高頻率無線電波可用於烹煮食物而研製成功。微波爐烹煮食物所需時間約為傳統式爐具的四分之一。微波爐用於烹煮若干類食物時可節省四分之三左右的能源，但一般家庭使用微波爐祇能節省20%左右的能源。

經過長期經續研究改進之後，微波爐之功能已有重大進展，並能用於烹調更多種類之食物。例如：某一美國廠商生產之某一型微波爐具有之特色為整體結構以及可供調整之控制器，包括「高熱」、「重行加熱」、「烘焙」、「慢火」、「低溫加熱」以及「除霜」，使烹煮操作能配合實際要求分別調定速度與熱力。此型微波爐附有數位定時裝置。

微波爐發展初期，曾遭遇到輻射線過量洩漏問題。自從美國政府輻射管理局頒佈安全規定後，廠商推出之新產品均能符合安全要求，而消費大眾對安全上之顧慮亦已減低。

美國市場微波爐零售價約二百元至六百元之間，最暢銷者為中等售價及售價最高之產品，平均零售價為四百元。

（三）微波爐工業

美國市場1975年微波爐預估銷貨量約為九十萬套，比上年成長25%。全國零售業者全年營收總額約為三億六千萬元，此項營收與瓦斯爐市場之總營收額大致相同。除AMCP公司外，包括AMANA，TAPPAN，MAGIC CHEF，GENERALELECTRIC，FRIGIDATRE，與ADMIRAL在內之多家美國廠商亦已加入生產行列。日本之PANASONIC，SHAPO及HITACHI等廠家亦已進軍美國微波爐市場。

（四）美國市場

根據「MERCHANDISE」商品週刊報導：美國境內微波爐市場總是屬於「補充性」之型態。消費者採購之微波爐絕大多數，均係由於1950年代建築業鼎盛時間，安裝之爐灶使用十年而報廢，所產生之補充性需求。「職業婦女」之家庭所構成之市場規模最大，其原因為這些主婦均視微波爐為必須品。採購者中約有41%為男性，其中大多數為曾受大學教育者。

（五）促銷活動

美國微波爐市場之促銷，主要係由零售業者之銷貨人員擔任。其他促銷活動，包括烹飪學校之示範及食品業界之隨貨附贈禮品，某些經銷商派員到社區家庭中示範微波爐之功能。微波爐在工商業界之主要用戶為廠餐、醫院、速食店，以及日間托兒所AMCP公司1975年度廣告及促銷總預算高達六百三十萬美元，其使用之媒體包括全國性之雜誌及電視廣告，以及配合生產廠商在日報或電視廣告附近附加上某一零售店廣告字眼之經紀商。主要之行銷訴求重點為「方便」及「節省能源」。

討論課題

1. 自由貿易區、關稅聯盟及經濟共同體三者之間有何差異？試研討之！

2. 中、美、日三國之間最基本的差異何在？對於台灣人哪些差異值得特別留意或是應該改進？試研討之！

3. 許多專家學者均認為太平洋盆地（Pacific Basin）將是全世界成長最快的區域，您是否同意此種說法？試研討理由何在？

4. 為何歐洲共同市場（EC）如此成功，而其他許多經濟合作組織卻是如此失敗？台灣未來是否有必要參加世界性經濟合作組織？應該參加哪些經貿組織以推動國際經貿活動？試研討之！

International Marketing

本章學習目標
e-Learning Objective

■瞭解國際行銷實體分配之意義。

■瞭解日本市場物流管理之功能。

■能夠靈活運用國際行銷實體分配之技巧，以設定國際行銷目標。

■瞭解倉儲（Warehousing）、商品企劃（Merchandising）、運輸（Transportation）、促銷活動（Sales Promotion）與活動行銷（Event Marketing）在國際行銷物流管理中之重要地位。

■瞭解批發商的物流管理乃著重商品陳列、動線規劃與停車方便等諸要項，達到確實服務客戶之目標。此種情況完全是服務行銷（Service Marketing）之精神。

第一節　國際行銷實體分配之意義

在國際市場行銷商戰（International Marketing Warfare）中，除了價格戰 可能會影響國際市場競爭態勢與國際行銷業績之外，其最重要的國際行銷決戰條件可以說是國際行銷物流戰略（International Marketing Logistics Management Strategy）。換句話說，在國際行銷通路中的角色與功能除了國際市場批發系統（Wholesaling System）與零售系統（Retailing System）之外，就屬行銷通路焦點（Channel Focus）的物流管理。一般而言，此種稱謂亦可稱為國際市場實體分配（International Market Physical Distribution）。

以台灣市場為實例，諸如萬客隆、遠東愛買（Hypermarket）、家樂福等都是最典型的批發系統；而在物流管理中最重要的決戰要素即是商品企劃（Merchandising）、連鎖經營（Franchising）、活動行銷，〔又稱為事件行銷（Event Marketing）〕、倉儲（Warehousing）、運輸（Transportation）、保險（Insurance）、促銷活動（Sales Promotion/SP）等諸大決策。茲將國際市場實體分配之定義再詳細敘述如下：

所謂「國際行銷物流管理」（International Marketing Channel Management）或稱為國際市場實體分配（International Market Physical Distribution），係以運輸為主要核心，加上其他倉儲、物料管理、存貨管理、溝通、協調、訂單處理、材料驗收、包裝及一般管理工作等附屬功能，所形成的整體配送國際市場商品給顧客的系統流程。

然而，在實體型的國際行銷通路中，物流管理或實體分配比較著重商品企劃、運輸、倉儲、停車場、保險、存貨管理、貨架管

理、商品條碼管理與商品的促銷活動等諸大要項。此蓋因物流管理為企業在擬訂全方位行銷策略時，佔有相當重要的一環。多年前，幫寶適嬰兒紙尿褲，由於市場缺貨，行銷通路的實體分配頓時陷於困境，這或許是該公司在推出價格戰的策略所付出的代價吧！由此觀之，一套良好的實體分配作業，可能加速商品送到客人手中之時間，增進顧客信心與好感，從而降低成本、提高顧客滿意程度，達致顧客滿意行銷（Customer Satisfaction Marketing /CS Marketing）之目標與境界。

由於未來的行銷戰係結合了服務、商品、傳播、廣告、企劃、通路、促銷、定位、EVENT等之全方位市場作戰，因此，行銷人員對於服務顧客之層面實應全力強化。例如近年來有一種結合郵購行銷（Mailorder Marketing）的快遞服務（Express Service）、專業服務客戶運送文件、商品、包裹等。其中最著名的公司當屬UPS、DHL、快捷、上大郵局等。

實體分配乃由美國傳入日本後，隨即衍生出物流整套服務系統，此乃實體分配實際作業系統是透過倉儲功能，創造了時間效用，再進而透過運輸功能，創造了空間效用，進而可強化企業在市場行銷戰中的優勢定位。一旦企業在市場掌控了優勢定位（Advantaged Positioning），則市場利基（Market Niche）與行銷定位（Marketing Positioning）隨即確立無疑。

由此觀之，實體分配或物流管理一定影響企業的行銷組合與市場定位；特別是產品企劃、訂價策略與行銷通路。因此，實體分配的目標與決策顯得格外重要。另一方面，實體分配在整個公司的行銷成本上所佔的比例確實相當龐大，因此當某一行業的實體分配功能運作不彰時，隨即會使製造成本、行銷成本、訂價與最終的零售價格之間產生相當大的出入。茲以台灣出口行銷到美國市場為例，在台灣出口行銷之外銷報價為FOB/US$5/PC，則在美國市場之零售

價格居然高達FOB×6.8之譜。如以CIF為外銷報價CIF US$6.8/PC，則美國市場之零售價為CIF×5.2左右，其中CIF與FOB之間仍係保險費與運費之因素所佔的成本。

第二節　國際行銷物流管理的目標設定

以商品實體分配的觀點而言，實體分配的主要目標。不外乎下列幾種：

一、適時（準時與及時）將商品送達目的地或顧客手中。

二、降運輸成本，因為運輸成本亦屬行銷成本之一。

三、保護商品在運輸過程中完好如初，絲毫不能損壞。

當然，在上述這些目標當中，有些目標會互相發生顧此失彼的矛盾現象。例如；運輸成本降低，由於很難做到保護週到之責任，可能會提高商品損壞率與風險；運輸成本最低時，運輸商品之時效亦可能降低；如果一味追求高效率之運輸服務，亦勢必將會提高成本等難以擺平的棘手問題。因此，企業在針對每一特定商品實施實體分配時，行銷人員必須自行擬訂一套最適當的目標組合（Workable & Objective Mix），使運輸成本、運輸時效與運輸商品之狀況，能夠達致最良好妥善之組合，並使商品運送至目的地時能完好無缺（In Good Condition）。

實體分既然為行銷組合中行銷通路策略最具重要的一個環節，則其運作實務應該符合企業整體行銷策略之需要。特別是實體分配之成本，因此，行銷人員應將成本與客戶服務兩者加以評估，互相之間求取平衡。因此，商品送達速度、可靠度、服務便利、顧客滿意、安全性等，應與降低運輸成本同時加以考量，採取折衷方式處理，才是最具效率的物流管理。

供應商運用實體分配之組織所提供之服務，以協助他們儲存與運送商品，使其能適時地供應到顧客手中。因此，行銷人員在規劃實體分配系統時，應著重在決策面之強化與執行面之推展，這將對顧客之吸引力與滿意程度具有非常大的影響。

由行銷本質之觀點而言，在行銷觀念中愈來愈重視實體分配的理念。實體分配具有節省成本與改善顧客滿意程度的潛在作用。當訂單處理者、倉儲規劃者、存貨管理者，以及運輸管理者等在擬訂決策時，往往會影響到彼此的成本與需求創造的能力。因此，實體分配的理念要求必須將所有這些決策都放在一個統合的架構中來制定。正因為如此，實體分配的任務乃在於在既定的服務水準之下，行銷人員設計出最低成本的實體分配所運作出的一切措施。

在服務行銷（Service Marketing）之理念與運作下，實體分配的本質乃位居行銷通路中的要律，其角色扮演必須著重在企劃、執行與控制等整合之物流管理。因此，實體分配的本質與角色亦可詳細介紹如下：

所謂實體分配（Physical Distribution）涉及規劃、執行與控制物料的實體流程，以及將最終商品從原始產地運送到使用地點的整個流程，其目標在符合顧客的需要與滿意。由於全球現代科技的突飛猛進與國際市場的激變幅度甚大，促使國際行銷實體分配在國際行銷所佔的地位也愈來愈重要。不論從降低國際行銷成本或由提高對國際顧客的服務水準而言，都是國際行銷實體分配與物流管理的切身課題。

因此，國際行銷人員必須設計如何處理訂單、出貨、驗貨、嘜頭（Shipping Mark）等物流管理之第一線作業，方能達成建立倉儲作業系統、保持最適當之存貨安全存量以及選用最適當的運輸工具，以減低物流成本。例如，在國際行銷實戰中，進口國之批發商或零售商，往往採用「發貨倉庫」（Merchandising Warehouse）之物

流管理,以求達到倉庫對倉庫(Warehouse to Warehouse)之物流體系的建立。更進一步地說,倉庫對倉庫指貨物由出口地之倉庫一直運送至進口地之倉庫為止的漫長實體分配系統,均由國際行銷物流管理體系負責經營與運作。

第三節　國際企業行銷國際市場通路的要角——國際理貨運輸公司與報關公司

一般而言,就國內貿易與國際貿易之貨運物流來看,在貨物運送至買主(顧客)的過程中,出現有二大類之運送媒介常為其客戶提供相當週全的服務;此二大類的仲介者在台灣市場都被稱為貨運公司(如大榮貨運)與報關行(如理想報關行)。

然而,在國際市場行銷戰中,此兩種服務業所扮演的角色與功能實際上不同於台灣市場所稱的報關行。為了更進一步地闡述此種國際理貨運輸公司之特性、功能與貢獻,茲再將此種行業之意義詳細敘述如下:

所謂「國際理貨運輸公司」英文習慣稱為"Forwarding Agent",在美國亦慣稱為"Forwarder",係一種專業為國際行銷公司與出口廠商運送國際商品、製作文件、辦理進口以及出口報關、檢驗貨物以及運送樣品的綜合服務公司。

國際理貨運輸公司是以最經濟有效的方式,為出口商與外銷廠商執行所有貨物運送至海外市場或全球市場目的地所需的實體運輸。同時,由於海運與空運貨物所需的運輸程序及出口貨物相關文件,因此,國際理貨運輸公司可同時為海運及空運的貨主(Shipper)運送貨物並提供相當令顧客滿意的服務;其中包括運送快捷之貨與樣品、到船公司提領海運提單(Bill of Lading/B/L)或到航空公司提

領空運提單（Air Waybill /AWB），甚至此種國際理貨運輸公司能代理航空公司簽發空運提單的業務，協助空運貨物（Air Cargo）簽發空運提單（House AWB）。

其次，另一種仲介服務業即是台灣市場慣稱的「報關行」。茲將報關行之意義及其功能再詳細敘述如下：

所謂「報關行」（Custom Broker）係專業為國際貿易公司、出口廠商、進口商、代理商或國際行銷公司服務進出口報關、簽證、押匯、製作押匯文件及匯票、簽下貨單（Shipping Order/S/O）等之仲介服務業。

報關行專門與海關（Custom House）打交道，當然，在實戰運作上，報關行同仁甚至老闆常與各海關經辦人員或驗關海關關務人員有交情；運用公關做事情也是人之常情，商場上都是這樣的情況，不足為奇！

綜合以上所述，國際理貨運輸公司對出口行銷之貢獻較進口行銷大得多；而報關行對出口行銷與進口行銷之貢獻大都是一致的，不分軒輊！此兩種國際行銷實體分配之服務業確實在國際行銷商戰中貢獻良多。

個案研究

德國BMW汽車公司擬在全球市場建立國際行銷物流管理與直接行銷體系。

BMW汽車公司係德國之高品質汽車製造商。該公司之產品約有一半供應內銷市場,其餘一半則供應全球市場。該公司曾於1994年就德國市場與海外市場之全球商戰策略與市場經銷策略做成研究報告;在評估後發現該公司國際行銷之經銷體系具有重疊市場之情況,並使該公司國際行銷之物流作戰體系無法發揮其應有之功能與效率。

BMW汽車公司之全球行銷管理分為以下兩種策略:

一、該公司擬在海外市場採用直銷制度,該公司業已考慮到此項制度可能帶給現有進口行銷通路之重大衝擊而認為必須從長計議,審慎行事。

二、該公司擬在全球市場設立直銷分支機構以逐步取代原有之獨立進口商(independent Importer)或獨家代理商(Exclusive Agent)。

三、該公司擬藉著獨立進口商之物流管理系統,舖貨至下游的經銷商,再由經銷商負責零售業務。

綜觀以上所述,BMW汽車公司將設立之直銷制度與德國另一家汽車大廠Benz(賓士)之國際行銷流策略頗顯類似。換句話說,BMW汽車公司改採用直銷制度之主要原因之一,即為使該公司能節省付給全球各市場進口商或經銷商高達20%之佣金開支。

BMW汽車公司在法國市場之物流策略為徹底執行全球市場之直銷政策,即在法減成立BMW進口公司,以取代法國市場原來的獨立進口商,並繼續運用原來的行銷通路銷售BMW汽車,使法國市場之物流管理更趨於完善。

BMW汽車公司在美國市場的行銷通路與物流管理策略為實施直銷體系;其實戰運作方式為接管美國市場之經銷權,直接管理進口商與經銷商。另方面,並在美國市場設立直銷門市,以連鎖經營策略帶動美國市場行銷業績。

　　從整體行銷的觀點來看，BMW汽車公司在國際行銷策略中所採用之物流管理實為該公司在國際市場的一大突破：事實證明該公司在全球市場已徹底地貫徹物流管理制度，達到國際市場實體分配的效用，終而能掌控全球經銷體系與國際行銷通路，達成國際行銷實戰績效。

國際行銷問題點突破策略

1. 試分析BMW汽車公司在全球市場採用直接行銷制度可能面臨哪些潛在性的行銷問題點？有何策略可突破這些缺點？
2. 試分析BMW汽車公司自行經營海外市場之直銷門市與經銷商，可能獲致哪些行銷利基與物流效用？
3. 就BMW汽車公司決定在美國市場執行直銷經銷網之制度而言，試分析該公司必須考量哪些市場情報與行銷決策？

討論課題

1. 假如您是某家中型製造商的行銷經理,而總裁剛作了如下的指示:「配銷活動不是行銷部門所要關心的問題,行銷部門的功能是去銷售商品,讓公司的其他部門來處理生產與配銷的問題……。」請研討您對此種說法有何評論?試討論之!

2. 實體分配的觀念乃要求在一個統合的架構中處理許多決策,而該架構係以最低的成本提供某特定水準的顧客服務。請討論在實體分配的觀念中,顧客服務水準的意義為何?其與行銷觀念又有何關聯?

3. 試以萬客隆批發商之立場而言,研究其在國際行銷實體分配與物流管理當中有何缺點與優點?缺點如何改進?試研討之!

第十二章 全球運籌管理

International Marketing

本章學習目標
e-Learning Objective

- ■瞭解全球運籌管理之意義與內涵
- ■瞭解全球運籌管理之策略焦點與管理機制
- ■瞭解運用全球資源與市場機會能創造企業價值與顧客價值
- ■學會運作國際行銷活動以打造永久的全球競爭優勢
- ■學會整合全球企業之核心競爭力
- ■學會整合國際企業創造附加價值的流程管理
- ■學會全球運籌管理之實戰操作策略

第一節　全球運籌管理之意義與內涵

在這個全球化競爭優勢的新世代，跨國企業在全球市場的重整戰略與企業資源整合策略必須定位於全球運籌管理的優勢利基（Advantaged Niche）與戰略思惟（Strategic Thinking）。

全球運籌管理即是以全球觀點為考量，而從事策略規劃、策略執行與策略控管之流程，並以原料之成本－效益流程儲存、存貨控制，流程管理製成品以及從原廠供應至消費者之相關資訊以符合顧客滿意之目標。

因此，由進軍海外市場戰略的決策的觀點切入，所謂「全球運籌管理」（Global Logistics Management/GLM）係利用全球經貿資源，充份掌控全球市場，企圖藉由全球化的新佈局，充份運用，全球市場機會與資源整合，創造企業價值與顧客價值（Value Creation）因此，從上述之定義觀之，在全球化的戰略佈局中，所涉及到的是多角化與多國籍企業體的國際行銷活動，其所著眼的是國際企業與相對貿易互動之間比較利益（Comparative Advantages）的充份運用與實戰操作，國際企業的關係行銷所打造出所謂「核心競爭力的整合」、以及國際企業創造附加價值過程的整合。進一步而言，全球運籌管理的策略焦點（Strategic Focus）與管理機制可分為下列各類重要課題：

一、運用全球資源與市場創造企業價值（Value Creation）

二、運作國際行銷活動以利打造永久的全球競爭優勢（Sustainable Global Competitive Advantages）

三、整合全球企業之核心競爭力（Integrating Global Core Competences）

四、整合國際企業創造附加價值的流程管理（Integrating the Process Management of Creating Valueadded）

下圖即為全球運籌管理的策略焦點與管理機制：

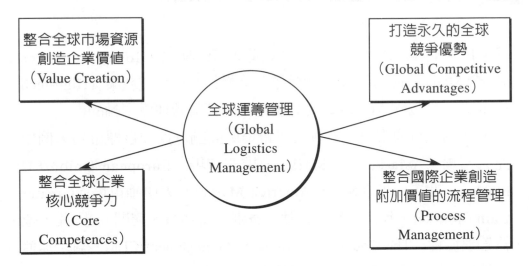

資料來源：許長田　教授教學講義與PowerPoint Slide投影片
　　　　　英國萊斯特大學MBA Programme University of Leicester(UK)
　　　　　http://www.marketingstrategy.bigstep.com

第二節　全球運籌管理之操作策略

以策略觀點而言，全球運籌管理（Global Logistics Management/GLM）實戰策略之操作在高科技產業（High-tech Industries）以OEM（原廠委託製造）的經營管理為主軸的模式下，以全球為一目標市場，然後再以市場區隔劃分為一目標市場，例如亞太市場（Asia-Pacific Market）歐盟市場（European Union/EU Market）北美市場（North America Market）大中華市場（Greater China Market／包括台灣、大陸、香港、新加坡、澳門）。因此，運籌管理協會（The Council of Logistics Management/CLM）對全球運籌管理的解讀為下述之重要關鍵焦點（Critical Key Focus/CKF）並充份運用產能（Loading Capacity）由規模經濟創造成本優勢。

因此，全球運籌管理可分為下列四大策略議題：

一、國際市場財經金融操作策略（International Market Business Finance Operational Strategy）

運用海外當地國家之財經政策的優惠，與投資組合管理（Investment Portfolio Management）規避外匯匯率風險，並分散企業獲利風險與分攤研發成本與行銷成本，達致低成本競爭優勢。

二、國際市場經營與掠奪策略（International Market Dominating Strategy）

由戰略國際行銷決策的角度切入，提高國際市場佔有率與國際行銷業績，擊跨競爭者的市場佈局與競爭優勢，維持長期全球市場佔有率的決策以及打造永久國際市場競爭優勢與核心競爭力都是掠

奪國際市場的卡位策略（Rollout Strategy），另方面，必須考量策略
意圖、突破國際貿易障礙與關稅壁壘，以提昇國際行銷的動能。

三、國際行銷資源整合策略（International Marketing Resources Integration Strategy）

係整合國際行銷資源，其中涵蓋下列各項策略資源：

1. 人力（Human Resources /Manpower）人力資源
2. 財力（Financial Resources/ Capital Power）財務資源
3. 物力（Materials Resources）MRP、ERP材料資源與企業資源
4. 時間（Time to Market）（產品上市時效）
5. 資訊（Information Resources）資訊資源
6. 知識（Knowledge Resources）知識資源

四、全球市場核心競爭力（Global Core Competences）

涵蓋下列十大策略焦點（Strategic Focuses）：

1. 整合國際企業文化差異（Accelerating Culture）
2. 創造國際企業價值與顧客價值（Creating Value）
3. 重新設計動態的跨國企業組織（Redesigning Dynamic Organization）
4. 進行變革管理（Change Management）
5. 加速產品上市時效（Speeding Time to Market）
6. 整合國際行銷資源（Integrating International Marketing Resources）包括人力、財力、物力、時間、MRP（材料需求規劃）、ERP（企業資源規劃）、資訊資源、知識資源
7. 降低經營成本（Cutting Management Overhead）

8.網路貿易與電子商務（Website Online Biz and eCommerce）

9.採用平衡計分卡以創造策略績效（Accessing Balanced Scorecard for Strategies & Performances）

10.運作國際供應鏈管理以整合國際行銷通路（Launching International Supply Chain Management to Integrate International Marketing Channels）

本書作者許長田博士對全球運籌管理所下之定義如下所述：

所謂「全球運籌管理」係以全球市場戰略決策為願景與使命，而以策略領導、策略規劃、策略執行與策略控管為方針與目標管理，並以原料、材料之儲存，存貨控制之物流管理（物流）運用全球行銷通路之一切資訊（資訊流）而創造企業價值與顧客價值的管理流程與機制（Value Creation）

以跨國企業的觀點而言，全球化的企業並不只是採企業經營的策略管理（Strategic Management）、行銷管理（Marketing Management）、財務管理（Financial Management）、人力資源管理（Human Resources Management）、生產管理（Production & Operation Management）、研發管理（R&D Management）、組織管理（Organizational Management）、資訊管理（Information Management）、知識管理（Knowledge Management）等功能性管理加以推展至全球企業戰場而已；也不僅僅是將跨國企業活動由本土市場（Local Market）、區域市場（Regional Market）、擴展到全球市場（Global Market）就了結。事實上，國際行銷的主要目的就是將企業的全方位整體策略決策（Strategic Decision）做為一致性的關鍵焦點管理（Key Focus Management/KFM）。換言之，全球運籌管理正是以國際市場為導向，並以金流、商流、物流、資訊流、人才流為關鍵成功因素（Key Success Factors/KSF）建構全球資源整合與分配的管理機制與操作流程。

　　就上述的關鍵成功因素而言，其內涵管理為全球運籌體系中物流的整合與合作機制，金流的整合與合作機制，資訊流的整合與合作機制、商流的整合與合作機制，人才流的整合與合作機制。其中整合與競合機制的方法即是以廠商創造附加價值的流程管理（Process Management）為主軸；國際企業經營流程（Managing Process）為核心基調，並運用全球通訊、資訊科技作為執行的籌碼。

　　茲將全球運籌管理的整合與合作機制以圖再詳細敘述如下：

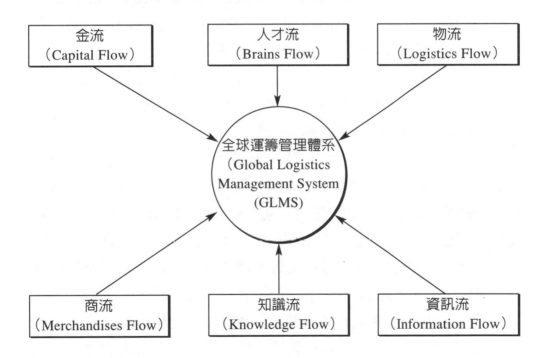

資料來源：許長田教授教學講義與PowerPoint Slide投影片
　　　　　1.文化大學
　　　　　2.英國萊斯特大學MBA Programme University of Leicester(UK)
　　　　　3.美國布蘭德科技大學「國際行銷」課程 "International Marketing"
　　　　　http://www.marketingstrategy.bigstep.com

第三節　OEM國際行銷

所謂OEM（Original Equipment Manufacturing）既是「國際原廠委託製造」亦稱爲「國際代工」因此，綜觀世界貿易舞台，OEM國際行銷係屬於「國際行銷」（International Marketing）最直接最有效的行銷技巧。以整體世界市場的主要角色與市場機會而言，美國市場一向是國際最大的目標市場。根據國際市場情報顯示；美國市場約涵蓋國際財貨與勞務市場（Goods and Service Market）總市場需求的百分之三十。而整個歐洲的市場需求（Market Demand）則略遜於美國市場而達到百分之二十七，排名第二。

因此，以台灣企業之行銷立場而言，其出口行銷（Export Marketing）最有效的工具應屬於OEM、ODM（原廠自行設計研發）與OBM Branding自創品牌爲雙贏策略。

另方面，美國、歐盟市場向來被列爲買方市場（Buyer's Market），而亞洲地區之日本、台灣、香港、新加坡、南韓、中國大陸等一向被視爲強而有利的賣方市場（Seller's Market）。因此，亞洲這些國家欲外銷至歐美各國市場，必定藉著OEM之行銷實戰，在國際市場控制市場。故就台灣企業對外貿易發展而言，在國際經貿策略推動時，一定要藉著OEM行銷策略打開國際市場。

然而，OEM之國際行銷策略，首重「市場定位」與「商品再定位」策略。亦既以「否定市場競爭態勢」切入國際市場之目標區域市場。例如切入美國市場中之西岸市場（West Coast Market）或東岸市場（East Coast Market）之行銷策略，既應以西岸市場之洛杉磯（Los Angeles）、舊金山（San Francisco）爲中心；而東岸應以紐約（New York）、傑克遜維爾（Jacksonville）、查理斯頓（Charleston）、邁阿密（Miami）爲中心；中西部則以芝加哥（Chicago）爲區域行

銷之中心，其中涉及到批發商（Wholesaler）與零售商（Retailer）之物流以及連鎖通路（Franchising Chain Channels）之整合。

其次，在美國市場之零售系統中，最重要的行銷通路為量販店（General Merchandise Store/GMS）、超級市場（Super Market）、百貨公司（Department Store）、家庭用品中心（Home Center）、組合商品專賣店（DIY Store）、折扣商店（Discount Store）、廉價商店（Specialty Shop）、型錄展示店（Catalog Showroom）、郵購商店（Mail Order Shop）、以及工作坊（Work Shop）等，應有盡有。因此，在OEM行銷的產品定位與市場行銷通路，出口廠商應選擇最適合產品利基與市場生存空間的特殊通路。

第四節　OEM國際市場卡位策略

在規劃國際市場開發策略時，國際行銷人才應努力使產品與市場能相配合。同時，國際行銷人才必須在國際市場中之利基加以卡位。因此。在規劃程序的開始將面對的兩個主要問題是：

1.行銷哪些產品?

2.行銷到哪些國家?

很顯然地，全球貿易產品及市場的選擇，必須同時決定目標產品與目標市場。

產品的選擇是國際市場開發策略的最主要因素。只生產單種產品的公司，唯一必須考慮的問題是該產品是否適合國外市場的需要與拓展。換句話說，該產品是否有良好的條件來保證在國際市場獲致成功。另外，大多數具有兩種以上產品的公司，就必須考慮哪一項產品才是進軍國際市場的最佳產品。

因此，選擇產品的條件是先要確定產品的下列特性：

1.可被國際市場接受

2.利潤潛力高

3.可利用現有設備生產

4.國內行銷可行性一致

只有少數公司的產品才可具有這些特性，但選擇產品一定要有某些能獲得行銷競爭優勢，這些優勢如低價、與眾不同的特性、設計或卓越的技術等。

在確立目標產品後，既可確立目標市場，例如：要進軍美國市場便須先研究並了解美國貿易法規、海關法規、關稅、港口、運費、經濟、人文、安全標準、包裝交貨、運輸、付款條件等等因素，甚至美國人獨特的商業習慣，如果不深入了解美國市場便無法將公司產品進軍至美國市場銷售。當然，其他市場開發也是如此。

因此，在這「買方市場」導向下做全球貿易，可是應了那句「貿易路上是非多」的處境。全球商場有些Buyer往往會假藉看樣、取樣後再決定是否下訂單的「陽謀」策略，左說右哄以種種不入流的伎倆騙取大批的樣品，得手後旋即在當地市場擺起地攤，賺起毫無本錢的蠅頭小利。要不然，就是採取「樣品取你家」、「訂單落他家」的迂迴策略，搞得國內行銷廠商及貿易商一頭霧水。

從全球市場的角度來分析Buyer的誠意程度，似可從對方對樣品索取的程度及殺價的狠勁著手應付。寧可不做生意，不接訂單，也不能輕易讓他們予取予求，任意宰割而破壞了全球貿易秩序。

綜觀以上所述，由於台灣積四十幾年的OEM實戰經驗，因此，全球市場OEM Buyer（尤其是歐洲與美國的Buyer）特別喜愛與台灣的OEM製造商做貿易，此乃因為台灣的研究開發（Research & Development/R&D）能力為亞洲四小龍各國中特別具水準之故，這就是歐洲與美國各國之OEM Buyer最欣賞與下訂單之原因。當然，這是台灣在OEM國際行銷實戰之市場利基與競爭優勢，因此，我國應該

再接再勵，保持此項OEM國際行銷之競爭優勢，使企業立於不敗之
地。

策略（一）

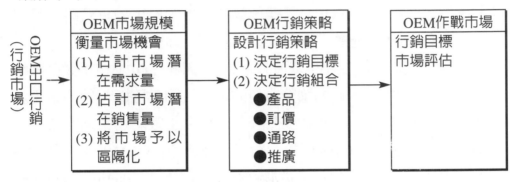

策略（二）

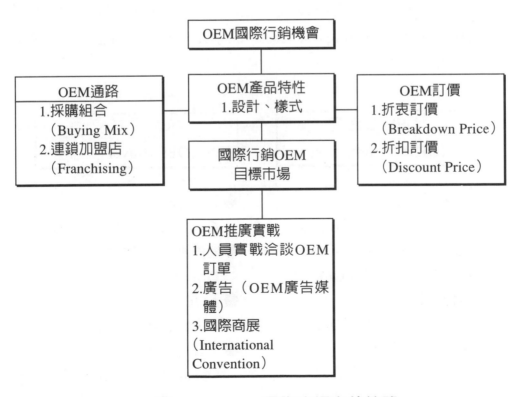

圖25-4　ODM 國際市場卡位策略

第五節　OEM國際行銷之市場競爭戰略

前面已談及台灣在OEM國際行銷實戰中之利基與優勢，接著要敘述台灣企業在OEM國際行銷商戰中的市場競爭戰略。易言之，就是經營OEM企業行銷之理念、戰術與策略。

所謂『沒有策略企劃，就沒有企業』。因此，OEM市場競爭戰略可說是行銷戰將決勝OEM國際市場的法寶。因為國際行銷的本質就是國際市場爭霸戰。也就是說，國際行銷企劃戰能左右國際市場爭霸戰的戰局；因此，OEM國際行銷實戰必須著重OEM理念、戰術與戰略之企劃與執行。然而，OEM行銷企劃（OEM Marketing Planning）為國際行銷實戰全方位活動的主軸，其包括全球行銷目標、國際行銷定位、國際行銷策略以及一至三年屬短期的國際行銷戰術（International Marketing Tactics）。茲將OEM國際行銷之市場作戰以架構圖再詳細敘述如下：

OEM 製造商 （OEM Manufacturer）	OEM買主 （OEM Buyer）
●接單生產 　（Build To Order/BTO） ●處理OEM訂單 　（Handing OEM Order） ●出貨 　（Shipping OEM Order） ●信用狀押匯 　（L/C Negotiation）	●客製化訂單 　（Customerized Order/CTO） ●提供產品設計圖 　（Offering Artwork） ●下OEM訂單 　（Placing OEM Order） ●開信用狀付款 　（Opening L/C Payment）

圖25-2　OEM國際行銷市場作戰架構圖

由以上所述觀之，OEM製造商在推廣國際行銷時，必須特別注重所謂「全方位OEM企業經營與國際市場競爭戰略」(Overall OEM Business Management and International Market Competitive Strategy)。唯有如此，方能在OEM國際市場實戰中決勝目標市場。

環顧當今之國際市場實戰，OEM國際行銷實為台灣拓展國際市場之生路與命脈。因此，我國企業在走向國際化之初，應可採用OEM與OBM雙管齊下，果如此，則進可攻，退可守；即可發揮企業全球商戰的看家本領，也就是說，企業國際商戰要全方位出擊，引爆國際市場策略企劃與國際市場爭霸戰的行銷作戰特性，方能立足於國際行銷舞台。

第六節 台灣進軍國際市場之OEM國際行銷商戰

　　一般人總以為，做貿易出路好；也總以為，做貿易就是攀交情、拉關係、走門路、耍嘴皮，專門替買主與製造工廠穿針引線，以「紅娘」的身份賺取佣金的事業。

　　由於擁有這種心態的貿易商佔了大多數，致使我國的貿易層次無法提升。事實上，做貿易不是輕而易舉的，其背後必須有豐富的專業知識與專注的精神為後盾。否則白忙一場事小，損壞我國業者與國家的形象事大。

1.實戰篇－雨傘禍事

　　龍發威，這位國貿科班出身的年輕人，在服完兵役之後，就積極地想從事國際貿易這個行業，經過大半年的籌備，終於成立了「發威」貿易公司。公司雖然成立了，但是要做何種產品及客戶在哪

裡，他卻茫然不知。這時，一位在軍中服役的伙伴表示，他目前經營一家製造雨傘及洋傘的工廠，並詢問是否有意合作行銷。就這樣，產品的問題暫時有了著落。

然而，客戶仍舊連個影子也沒有，正好外貿協會籌辦國產品外銷展售會，龍發威便決定參展。也許是這位「龍少爺」命中注定發財，在展出期間，居然有位老美當場下了三個廿呎貨櫃的訂單，這批貨少說也有幾萬美元，這對剛成立的貿易商來說，的確是個龐大的數目。

龍發威十分高興與買主簽了一紙銷貨確認合約，及一式五份預約買主開出信用狀付款的預約形式發票。

過了五天，老美果真如約開來電報信用狀，為了慎重起見，龍發威還將信用狀送到銀行，請銀行對這家公司的信用情形詳加調查。幾天後，銀行的答覆是信用良好。

有了銀行的確認，龍發威很快地將訂單下給工廠，還三天二頭地到工廠瞧瞧，直到這批貨如期全部裝船結關，這才鬆了一口氣。

一星期後，銀行通知：這筆十萬三千美元的貨款，全額撥入發威貿易公司的戶頭。

當老美收到「發威公司」運交的貨物後，便立即卸下外箱包裝，卻發現三個廿呎貨櫃的洋傘及雨傘的傘骨竟然撐不開，老美又氣又急，連忙拍封緊急電傳電報給發威貿易公司要求退貨。

龍發威真是驚慌失措，不知如何是好，因為非但要賠償這筆數目龐大的貨款，搞不好，老美再到經濟部國貿局控告貨樣不符的貿易糾紛，輕則停止出口三個月，重則將被吊銷出口執照。

不出三天，買主威爾森專程由美來台處理這宗索賠事件，身邊還帶來兩位專門負責打國際貿易官司的大牌律師及一大堆索賠文件。

龍發威只有硬著頭皮，勉強接受威爾森提出的賠償細節，言明

一星期內湊足所有十萬三千美元的全數貨款，賠償了事。至於退貨事宜，威爾森答應拍封電傳電報，指示交船運回，運費悉由發威貿易公司負擔。

　　追究起來，這起貿易糾紛的發生，實肇因於龍發威，對所做的傘類專業實務認識不清所致。

　　事實上，龍發威當初決定做傘類貿易時，應先了解傘骨，傘布及其他零配件的構造、功能、材料等生產要素，更應注意美國與台灣在氣候、溫度、濕度方面的差異，考慮熱脹冷縮的原理，在製造及驗貨時，就應向工廠強調美國市場的氣候特性，在其間計算出差異係數，方能正式製造生產。這樣就不會發生在台灣明明可以撐開的傘，一到美國就撐不開的棘手問題。

2.實戰篇－入埃及記

　　在酒廊上班的小莉，由於平常接觸了不少從事貿易工作的客人，也興致勃勃地想做貿易。

　　小莉認為自己的外語能力不錯，因此更增加了自己經營貿易的信心。主意既定，接下來，就面臨著做何種產品及銷往哪一市場的實質問題。

　　看好一九八四年的洛城奧運會勢將成況空前，小莉心想運動員是少不了運動鞋及運動裝備的。於是，就決定做行銷運動鞋的生意。她拿出幾年來在酒廊上班的積蓄，請了兩位朋友幫忙，成立了「莉莉貿易公司」。

　　時間一天、一天地耗過，客戶連個影子也沒見著。有一天，小莉的朋友來電，約她在某大飯店咖啡廳洽商事情，喝咖啡時，小莉無意中發現一位來自埃及的大買主，正與國內某家出口商討價還價，互不讓步。

　　小莉見此機會，當下就和這位潛在買主交換名片，問出對方擬購買的運動鞋規格大小、式樣設計、顏色搭配，雙方並約定到「莉莉貿易公司」詳談細節。

　　小莉在招待埃及買主阿布度拉‧哈山看過樣品（工廠漏夜及次日趕製的樣品）、談妥報價，取得確認樣品後，買主當場下了三個廿呎貨櫃的訂單。

　　小莉不費吹灰之力，抓到這一筆大買賣，高興得連嘴都合不攏，與買主簽下一紙銷貨確認合約，及一式五份雙方預約買主開出信用狀付款，及賣主接到信用狀後須出貨的預約形式發票。

　　這筆生意既已敲定，就等著埃及買主阿布度拉‧哈山回國後，開出全套電報信用狀。

　　過了幾天，阿布度拉果真如約開來全套電報信用狀。在請銀行審查鑑定信用狀真偽無問題後，小莉便將訂單下給提供樣品的工廠，另在訂單上加列「×」圖案於運動鞋足踝處的商標上。小莉認為這樣不但不單調，而且更吸引顧客的興趣及購買慾望。

　　這批貨如期地在信用狀上所指定的有效期限內，全部裝船結關，運往埃及亞歷山大港。

　　出了貨，小莉忙著製作押匯文件，到押匯銀行趕辦出口押匯。兩天後，銀行通知，這筆一五萬五千美元的貨款，一個都不少的撥入「莉莉貿易公司」的戶頭。

　　阿布度拉買主收到「莉莉貿易公司」運交的貨物後，便立即拆櫃卸貨，他們卻發現三個廿呎貨櫃的運動鞋均貼有「×」標記的圖案。這個「×」標記不論從任何角度來看，都是「＋」字型的符號，在篤信回教的埃及，是不容許基督教「＋」字型符號的存在，阿布度拉又急又氣，連忙拍封加急電傳電報要求退貨。

　　三天後，阿布度拉專程來台處理這件索賠案。小莉勉強接受阿布度拉所提出的賠償細節，言明十天內湊足所有十五萬五千美元的

全數貨款,賠償了事。

　　這起貿易糾紛的發生,肇因於小莉欠缺貿易實務知識、運動鞋專業實務,及對國際市場、各國宗教、風俗習慣認識不清所致。

　　事實上,小莉當初下訂單給工廠時,除了依循買方的訂單細節條件之外,更應了解買方市場顧客的喜愛與國際市場禁忌,再配合對運動鞋專業產品知識,如此就能順利地達成交易。

第七節　ODM國際市場

所謂ODM(Original Design Manufacturing)意既原廠自行設計與研發再獨自行銷至國際市場(International Market)或區域市場(Regional Market)。故又稱為「原廠自行設計與研發」。ODM之推廣必須有賴下列各項要素的支援與配合:

　　1.強而有乃的研發團隊(Powerful R&D Team)

　　2.高階經營管理團隊(Top Management Team)

　　3.經營理念與企業文化(Management Philosophy &Corporate Culture)

　　4.高強的國際行銷戰力(Powerful Global Marketing Force)

　　5.國際行銷後勤支援(International Marketing Supports)

　　6.全球運籌管理(Global Logistics Management)

　　7.企業財務戰力(Corporate Financial Force)

　　8.企業創新能力(Corporate Innovation)

　　由以上觀之,ODM要能執行成功並發展,ODM製造商必須具備以上各項核心關鍵要素,方能成功開展ODM。

　　原廠自行研發行銷(ODM Marketing)必須整合強而有力的研發團隊(R&D Team),由技術創新邁至研發量產境界與商品化之終極

目標。因此，**ODM**亦必須根據全球市場研究之區域市場需求與市場規模，才能自行研發行銷成功。茲將自行研發行銷**ODM**之實戰操作系統流程管理圖再詳細敘述如下：

| ODM製造商
（ODM Manufacturer） | ODM Business | ODM全球買主
（ODM Global Buyer） |

◆ 全球區域市場研究（Global Regional Market Research）

◆ 報價（Offering）（Handling ODM Order）

◆ 處理ODM訂單（Handling ODM Order）

◆ 出貨（ODM訂單之商品）（Shipping ODM Order）

◆ 信用狀押匯或電匯（L/C Negotiating or T/T）

◆ 全球ODM Sourcing（全球貨源尋找）

◆ 全球E-mail詢價（Global E-mail Inquiry）

◆ 討價還價（Counter Offering）

◆ 下全年度預估採購訂單（Place Annual Forecast）

◆ 下ODM訂單（Place ODM Order）

◆ 分批出貨（Partial Shipment）

圖 ODM實戰操作流程圖

策略（一）

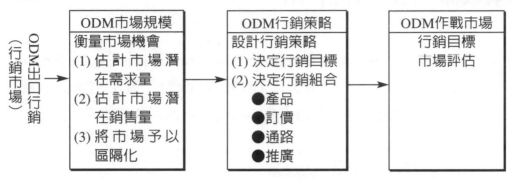

策略（二）

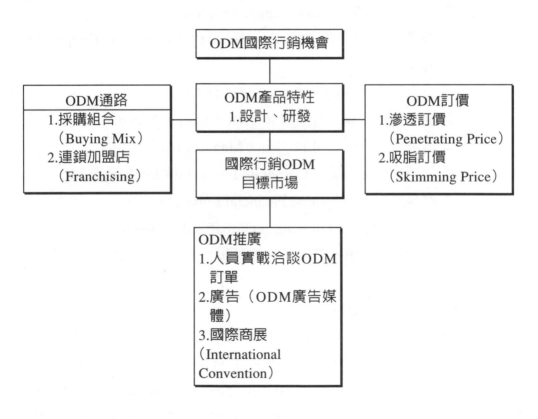

圖　ODM國際市場卡位策略

第八節 OBM國際行銷

所謂OBM（Original Branding Manufacturing或Own Brand Manufacturing）亦即「自創品牌行銷」。英文也可以只用 "Branding" OBM生意要推動成功亦必須有賴下列各項要素的支援與配合。

1.高階經營者CEO之全力支援。

2.高強的全球行銷團隊（Powerful Global Marketing Team）。

3.高階經營管理團隊（Top Management Team）。

4.經營理念與企業文化（Management Philosophy & Corporate Culture）。

5.強而有力的研發團隊（Powerful R&D Team）。

6.全球區域市場利基（Global Regional Market Niche）。

7.全球運籌管理（Global Logistics Management）。

8.企業創新力與變革力（Corporate Innovation & Changes）。

9.企業財務戰力（Corporate Financial Forces）。

10.企業全球化戰略（Globalized Globalized Strategies）。

綜觀以上所述，OBM自創品牌要能執行成功發展與 OBM 製造商必須具備以上各項核心關鍵要素，方能開展成功。

自創品牌行銷（OBM Marketing）必須根據全球行銷研究之區域市場規模與市場需求，才能自創品牌行銷成功。由於自創品牌行銷全球必須具備強而有力的全球行銷戰力（Global Marketing Forces）與戰略全球行銷策略（Strategic Global Marketing Strategies）。再加上全球化企業經營策略（Globalization of Business Strategies）等三大策略核心競爭力的整合，才能達至自創品牌與行銷全球之終極目標。茲將自創品牌全球行銷OBM之實戰操作系統流程管理圖再詳細敘述如下：

茲將國際市場自創品牌行銷（OBM）成功之實例介紹如下表：

表25-1　國際市場自創品牌行銷（OBM）風雲榜

全球市場	北美市場（美國、加拿大）	歐盟市場	亞太市場（日本）
1.可口可樂	可口可樂	可口可樂	新力（Sony）
2.新力	Campbell's	新力	國際牌（Panasonic）
3.賓士汽車	狄斯奈	賓士汽車	賓士汽車（BENZ）
4.柯達	百事可樂	BMW	豐田汽車（Toyota）
5.狄斯奈	柯達（Kodak）	菲利浦	Takashimaya（高島屋）
6.雀巢	NBC（美國國家廣播台）	福斯汽車	勞斯萊斯
7.豐田汽車	Black & Decker（百工）	愛迪達	精工表（Seiko）
8.麥當勞	Kellogg's（家樂氏）	柯達	Matsushita（松下）
9.IBM	麥當勞（McDonald）	妮維亞	日立牌（Hitachi）
10.百事可樂	Hershey's（賀喜巧克力）	保時捷	Suntory（三得利）

資料來源：M. Strauss, "Cashing in on the Clear Canadian Image."
　　　　　Globe and Mail, Toronto, August 11, 2001

國際市場自創品牌行銷（OBM/BRANDING）成功個案觀摩：

『吉利』（Gillette）刮鬍刀國際行銷

「吉利」（Gillette）刮鬍刀在原有產品系列之外，推出「吉利感應系列刮鬍刀」Sensor及Atra這兩款科技領先的高價位品牌，與吉利拋棄式刮鬍刀；其中拋棄式刮鬍刀主要是特別為青少年消費者所量身訂作的，與該公司原來注重品質的中年人士使用多年的吉利牌刮鬍刀，乃至於該公司同時推出高品質的Sensor及Atra這兩個高價位的品牌，有助於消費者分辨產品的差異，形成很明顯的區隔，而不致造成混淆。

反觀，柯達（Kodak）公司於1994年時，為了和低價位的其他

品牌及經銷商品牌競爭，遂推出了「快樂時光」軟片（Kodak Fun Time），結果不到兩年的時間，柯達公司就悄悄地把「快樂時光」從貨架上收起來。

原因是許多柯達愛用者看到新品牌上面有柯達的名字，且價格比既有還低，因此轉而購買快樂時光；另外一個原因是其價格也未低到足以打敗競爭者。

資料來源：編輯部，「該不該將品牌垂直延伸？」，世界經理文摘，第144期，民國87年8月，頁108-109。

討論課題

1. 試以筆記型電腦（Notebook Computer）為實例，試研討如何與IBM或Compaq（康柏克）做OEM貿易？
2. 假如遇到全球OEM Buyer殺價，其以龐大的採購數量下訂單，試研討應如何因應其殺價措施。
3. 假如本公司為一台灣OEM 廠商，欲與歐洲OEM Buyer做生意，試研討是否應先與對方商談經營理念與行銷策略？請說明理由！
4. 研討台灣成為全球OEM 貿易之供應生產者主要原因及其日後發展之全球行銷策略。
5. 試研討台灣如何在全球OEM代工市場中以科技島的戰略利基建構成高科技全球研發中心，全球行銷中心以及全球運籌管理中心。
6. 試研討台灣半導體雙雄台積電與聯電西進戰略（投資中國大陸市場並設立IC晶圓OEM代工廠），其OEM策略規劃與運作為何？
7. 試研討台灣DRAM OEM 大廠華邦電與茂矽在全球DRAM OEM市場如何提昇至ODM與OBM之整合全球化戰略（Integrated & Strategies Globalized）
8. 試研討宏碁電腦（宏電）集團如何由OEM邁入OBM之全球化策略。

第九節　OBU之意義及其運作模式

所謂OBU係「Offshore Banking Unit」之英文縮寫。又稱爲免稅天堂（Duty-free Paradise）中文之涵義具有下列兩種定位：

1. 境外金融中心（Offshore Financial Operation Center：其意義爲全球各國從事全球區域行銷之海外投資、國際財經、金融操作、銀行業務等都以國境之金融操作爲主軸。

2. 境外控股公司（Offshore Holding Company for Global Business & Finance Strategies）：其意義爲全球各國在從事全球行銷時，由於國與國之間的資金移轉複雜，爲了避險即由國際貿易方式從事資金的移轉（投資、轉入、轉出）以達避險及免稅的目標。另方面，從事此種業務及金融操作，必定引爆全球財經的震撼。因此，境外控股公司必須經由合法的申請手續及所需文件，方能設立境外控股公司。

茲將境外金融中心與境外控股公司的設立地點及操作文件再詳細分述如下：

一、設立境外金融中心之地點

1. 美國（USA）。
2. 維京群島（British Virginia Island/BVI）。
3. 巴哈馬。
4. 巴拿馬。
5. 香港。
6. 新加坡。
7. 紐埃（Niue）
8. 愛爾蘭

9. 紐西蘭。

二、設立境外控股公司之文件

1. Transferable L/C。
2. Back to Back L/C。
3. Standby L/C。
4. OBU Account。
5. Pay Order。
6. External Account。
7. Escrow Account。
8. Performance Bond。
9. Conditional SWIFT。

本書作者許長田博士認為：臺灣如要成為亞太營運中心，必須首先要成為亞太財經金融中心與亞太貿易行銷中心，因為臺灣地緣關係，位處亞洲及太平洋商戰中心點，東邊是太平洋，夏威夷與美國西岸，西邊是中國大陸，南邊是香港、新加坡與東南亞各國，北邊是日本與南韓，正因為如此的得天獨厚之市場優勢與行銷利基，臺灣必定可發展為全球行銷的穿梭市場。

更進一步而言、號稱亞洲四小龍的臺灣、香港、新加坡、南韓，兩條大龍的日本與中國大陸等都成為臺灣在開發國際市場商機的整合戰力（Integrated Forces）。因此，臺灣要走出國際行銷舞臺，必須自我定位為亞太貿易行銷中心與亞太穿梭市場。而亞太財經金融中心一定要先行建構完成，方能達成亞太空運中心、亞太海運中心、亞太製造中心、亞太媒體中心以及亞太研發設計中心，進而才能達成亞太營運中心的終極目標。

另外一方面，在建構亞太財經金融中心之前，臺灣必須運用境

外金融中心的實戰操作，進一步使得財經國際化與金融全球化。茲將臺灣企業如何運用境外金融中心行銷國際市場的實戰策略再詳細敘述如下：

境外公司（Offshore Banking Unit/OBU）亦稱為境外控股公司、境外金融中心或國際金融業務分行。其主要業務提供臺灣企業金融融資與全球市場轉開L/C及Usance L/C（遠期信用狀）之金融貿易服務，以利臺灣企業邁向國際市場並建構臺灣企業國際化之全球財經體系及國際經貿活動之金融操作業務。換言之，OBU完全是一個會計完全獨立的國際金融業務單位，在政府給予特別之法令規範下，從事境外金融之外匯業務。因此，OBU境外金融市場具有以下三種特點：

1. 必須是登記在國外公司（如新加坡或巴拿馬公司），或是持外國護照的外國人方可在國內的銀行開立OBU帳戶，OBU戶頭之交易不受中華民國境內金融管制法令之限制，可辦理進口開狀及出口押匯。

2. 存款利息免稅，OBU本身免繳營利事業所得稅，營業稅及印花稅。

3. 除非依法院或法律規定，否則第三人無提供資料之義務。由以上觀之，可見境外公司（OBU）都設於低稅國家或免稅地區及國家；例如：巴拿馬、維京群島（BVI）、巴哈馬、紐埃……等，一般亦稱為『境外金融中心』（Offshore Financial Center）或『免稅天堂』（Duty-free Paradise）

第十節 如何運用境外控股公司從事海外投資理財規劃

一、海外（大陸、越南、泰國）投資設廠策略規劃

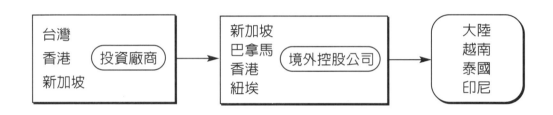

圖26-1 海外投資策略規劃圖

以下僅舉例簡單說明：

1. 投資保障協定：根據海外投資地點選擇境外公司設立地區，譬如：新加坡與中國大陸簽有 "兩國投資保障協會"，欲至大陸設廠者可考慮在新加坡設立一控股公司後，再以新加坡公司至大陸設廠投資。

2. 運用境外控股公司之名義從事海外投資設廠、若有商業糾紛，其法律責任僅止於境外控股公司，而免於牽涉到信譽卓著設廠多年之母公司或自然人。

3. 授權製造：根據公司產業特性選擇境外控股公司設立地區，譬如：塗料業 及高科技產品或高單價之商品（如：化妝品、汽車等），國際投資廠商多為美國公司，屬相關產業之廠商即可考慮在美國登記設立一家公司後，再以此美國公司之名義授權在臺灣／大陸／越南（或任何地區）生產，如此可增加產品行銷之附加價值，提升產品形象。

4.可以控股公司借款給越南或大陸設立之工廠,然後每年可合法將利息匯至國外控股公司。

5.以控股公司爲此泰國、大陸或越南工廠之第一順位債權人,在越南"人頭公司"到處充斥的情形下,以此方法制衡人頭爲最有效之方法,當然此借貸及第一順位債權絕對必須到當地法庭或外國法庭公證。

三角貿易:

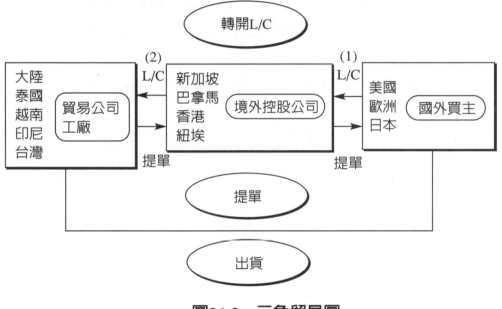

圖26-2 三角貿易圖

1.以此境外公司在香港、新加坡、洛杉磯、倫敦或臺灣之OBU戶頭開設公司支票及儲蓄戶,然後透過國際性之行政秘書公司,可在香港、新加坡代押匯、轉開信用狀、處理船務報關等業務;及國際性銀行(如渣打、花旗或華南銀行),國際性海空運之全程攬貨公司(Forwarder),所有三角貿易均可在臺灣完成,而不必跑到國外。

2.傳統三角貿易的關係是買賣雙方透過中間商（代理商）進行交易，此代理商則從中賺取傭金。

3.另一種運用方式為：廠商透過自己在第三國設立的境外控股公司，向國外買主接單後再轉開L/C給本身設在臺灣或大陸（越南）的工廠，信用狀轉開之金額則可視需要做調整。

OBU境外金融市場：

1.必須是登記在國外之公司（如新加坡或巴拿馬公司），或是外國人才可在國內銀行開立OBU戶頭，OBU戶頭之交易不受中華民國境內金融管制法令之限制，可開狀及押匯。

2.存款利息免稅，OBU本身免繳營利事業所得稅、營業稅、印花稅。

3.除非依法院或法律規定，對第三人無提供資料之義務。

表26-1 **公司申請手續**

	紐埃 NIUE	英屬維京群島 B.V.I	巴哈馬 BAHAMAS	巴拿馬 PANAMA
查名所需日期 Time of Name Check	1個工作日	1個工作日	1個工作日	1個工作日
申請公司執照天數 (非現成) Date of Incorporation	7個工作日	7個工作日	7個工作日	7個工作日
所需最少董事人數 Minimum No.of Directors	不用	不用	不用	不用
秘書及代理 Secretary & Agent	當地公司或當地人	當地公司或當地人	當地公司或當地人	當地公司或當地人
股東所需文件 Document of Shareholder	護照1-2員(舊1-4)身 份證正反面影本	護照1-2員(舊1-4)身 份證正反面影本	護照1-2員(舊1-4)身 份證正反面影本	護照1-2員(舊1-4)身 份證正反面影本
是否有現成公司名單 Shelf Company	有 YES	有 YES	有 YES	有 YES
是否需要公證簽名文 件Notary Public	不用 NO	不用 NO	不用 NO	不用 NO
公司註冊股數及資本 額Registered Shares & Capital	註冊股數50,000股 超過US$50,000 加收US$1,000 (每一股美金一元)	註冊股數50,000股 超過US$50,000 加收US$1,000 (每一股美金一元)	註冊股數50,000股 註冊資本US$50,000 超過US$50,000 加收US$1,000 (每一股美金一元)	註冊股數50,000股 註冊資本US$50,000 超過US$50,000 加收US$1,000 (每一股美金一元)

(續) 表26-1　公司申請手續

	紐埃 NIUE	英屬維京群島 B.V.I	巴哈馬 BAHAMAS	巴拿馬 PANAMA
申請公司後所得文件 Corporation Kit	1.公司註冊證書 2.公司章程（英文） 3.公司鋼印 4.公司膠章 5.股票	1.公司註冊證書 2.公司章程（英文） 3.公司鋼印 4.公司膠章 5.股票	1.公司註冊證書 2.公司章程（英文） 3.公司鋼印 4.公司膠章 5.股票	1.公司註冊證書 2.公司章程（英文） 3.公司鋼印 4.公司膠章 5.股票
公司名稱的規定 Company Name	可使用中文名稱 公司英文名稱後可加： 1.limited 2.Corporated 3.Incorporated 4.Societe Anonyme 5.Sociedad Anonima 6.Company 7.Limitada 8.Societe par actions 9.Aktiengesells chaft 10.Crop 11.INC. 12.A/S 13.AG 14.N.V. 15.B.V. 16.GmbH	公司名稱後可加： 1.limited 2.Corporation 3.Incorporated 4、Societe Anonyme 5.Sonciedad Anonima 6.Ltd 7.Crop 8.Inc 9.S.A	公司名稱後可加： 1.limited 2.Corporation 3.Incorporated 4.Societe Anonyme 5.Sonciedad Anonima 6.Ltd 7.Crop 8.Inc 9.S.A	公司名稱後可加： 1.Crop(Corporation) 2.Incorporated 3.S.A 4.A.G. 5.Financing 6.Securities

(續) 表26-1 公司申請手續

	新加坡 SPORE	美國LLC 德拉瓦/懷俄明州	美國內華達 NEVADA	愛爾蘭 ERELAND
查所需日期 Time of Name Check	2-3個工作天	1個工作天	1個工作日	1個工作天
申請公司執照天數(非現成) Date of Incorporation	20個工作天 股東如含越南、中國、泰國公民需加5-10個工作天	15個工作天	7個工作日	15個工作天
所需最少董事人數 Minimum No.of Directors	2名	1名	1名	2名
所需當地董事人數 Minimum No.of Directors	1名	不用	不用	不用
秘書及代理 Secretary & Agent	ACIS(秘書協會)成員	當地公司或當地人	當地公司或當地人	當地公司或當地人
股東所需文件 Document of Shareholder	護照1-2頁(舊1-4)身份證正反面影本	護照1-2頁(舊1-4)身份證正反面影本	護照1-2頁(舊1-4)身份證正反面影本	護照1-2頁(舊1-4)身份證正反面影本
是否有現成公司名單 Shelf Company	沒有 NO	沒有 NO	沒有 NO	有 YES
是否需要公證簽名文件Notary Public	要 YES	不用 NO	不用 NO	不用 NO
公司註冊股數及資本額 Registered Shares & Capital	註冊股數100,000股 註冊資本 S$100,000 100萬股加新幣3,600	註冊股數2,500股 註冊資本US$100,000 (每一股美金40元)	註冊股數25,000股 註冊資本US$25,000	註冊股數100,000股 註冊資本IR 100,000 (每一股愛爾蘭鎊一元)

(續) 表26-1 公司申請手續

	新加坡 SPORE	美國LLC 德拉瓦／懷俄明州	美國內華達 NEVADA (每一股美金一元)	愛爾蘭 EIRELAND
	1000萬股加新幣6,300 (每一股新幣一元)		25001-75000+US50 75001-200000+100 200001-50萬+200 500001-100萬+300	
申請公司後所得文件 Corporation Kit	1.公司註冊證書 2.公司章程(英文) 3.公司鋼印 4.公司膠章 5.股票	1.公司註冊證書 2.公司章程(英文) 3.公司鋼印 4.公司膠章	1.公司註冊證書 2.公司章程(英文) 3.公司鋼印 4.公司膠章 5.股票	1.公司註冊證書 2.公司章程(英文) 3.公司鋼印 4.公司膠章 5.股票
公司名稱的規定 Company Name	公司名稱後可加： Pte.ltd 專校(Academy) 協會(Association) 機關(Bureau) 學會(Society) 互相(Co-operative) 大會(Congress) 財團(Consortium) 理事會(Council) 交易所(Exchange) 基金會(Foundation) 基金(Fund)	公司名稱最後需加： LLC (Limited Liability Com-pary) 公司名稱LLC前可加 1.Limited 2.Company 3.Corporation 4.Incorporatim 5.Instute Anonyme 6.Society Anoniam 7.Union 8.Fund 9.Syndicate 10.Club 11.Fundation	公司名稱後可加： 1.Limited 2.Company 3.Corporation 4.Incorporated	公司名稱可加： 1.limited 2.Corporation 3.Incorporation 4.Investment 5.Trust 6.Securities 以下名稱不能用 1.Bank 2.Bancorp 或類似之名稱

（續）表26-2　公司申請手續

	開曼 CAYMAN	百慕達 BERMUDA	摩里西斯 MAURITIUS	香港 HONG KONG
查所需日期 Tiam of Name Check	3個工作天	3個工作天	3個工作天	1個工作日天
申請公司執照天數(非現成) Date of Incorporation	25個工作天	25個工作天	25個工作天	35個工作日天，現成公司則只需15個工作天
所需最少董事人數 Minimum No.of Directors	1名	2名	1名	2名
所需當地董事人數 Minimum No.of Directors	不用	2名	不用	不用
秘書及代理 Secretary & Agent	當地公司或當地人	當地公司或當地人	當地公司或當地人	當地公司或當地人
股東所需文件 Document of Shareholder	護照1-4頁身份證正反面影本	護照1-4頁身份證正反面影本	護照1-4頁身份證正反面影本	護照1-2頁(舊1-4)身份證正反面影本
是否有現成公司名單 Shelf Company	有 YES	沒有 NO	沒有 NO	有 YES
是否需要公證簽名文件Notary Pubic	不用 NO	不用 NO	不用 NO	不用 NO
公司註冊股數及資本額 Registered Shares & Capital	註冊股數50,000股 註冊資本US$50,000 (每一股美金一元)	註冊股數12,000股 註冊資本US$12,000 (每一股美金一元)	註冊股數100,000股 註冊資本US$100,000 (每一股美金一元)	註冊股數10,000股 註冊資本HK10,000 若增加股數則加收千分之六印花稅(每一股 港幣一元)

(續) 表26-2　公司申請手續

	開曼 CAYMAN	百慕達 BERMUDA	摩里西斯 MAURITIUS	香港 HONG KONG
申請公司後所得文件 Corporation Kit	1.公司註冊證書 2.公司章程(英文) 3.公司鋼印 4.公司膠章 5.股票	1.公司註冊證書(英文) 2.公司章程(英文) 3.公司鋼印 4.公司膠章 5.股票	1.公司註冊證書 2.公司章程(英文) 3.公司鋼印 4.公司膠章 5.股票	1.公司註冊證書 2.商業登記證 3.公司章程(英文) 4.轉股文件及買賣合同(現成公司才有) 5.公司鋼印 6.公司膠章 7.股票
公司名稱的規定 Company Name	公司名稱可加： 1.Limited 2.Corporation 3.Incorporated 4.Ltd 5.Crop 6.INC	公司名稱後可加： 1.Limited 2.Corporation 3.Incorporated 4.Ltd 5.Crop 6.INC	公司名稱後可加： 1.Limited 2.Corporation 3.Incorporated 4.Ltd 5.Crop 6.INC	公司名稱需加： 1.Limited 以下名稱不能用 保險公司(Assurance) 銀行(Bank) 建築資金合作(Building Society) 商會(Chamber of Commerce) 帝國(Imperial) 保險(Insurance) 合作社(Cooper-ative) 市立的(Municipal) 皇家的(Royal) 信託公司(Trust Company) 保管公司(Trustee Com-pany)或暗示英國女皇及皇家成員有關的公司名稱

第十一節 全球各地著名境外金融中心介紹

一、巴拿馬

(一) 境外公司簡介

1.地理位置

　　巴拿馬共和國位於中美洲哥斯大黎加（Costa Rica），及南美洲的哥倫比亞（Columbia）之間，全國面積大約是7萬1千平方公里（約為台灣的2.1倍），其東岸面臨大西洋，西岸是太平洋，兩岸之間最窄的地方為50公里，其著名的巴拿馬運河（Panama Canal）既是沿著巴拿馬最窄的地方開鑿，共計80公里長。巴拿馬運河是在西元1914年完成建造，每年平均約有13,000艘各式船舶經過巴拿馬運河（平均一天有36艘船排隊等著要經過巴拿馬運河），每艘商船通過巴拿馬運河的代價平均為US$30,000，為順利通過巴拿馬運河，世界造船業都得秉記巴拿馬運河的規格來造船，船身最長不得超過305公尺（1,000英尺），船身寬度不得超過33.5公尺（110英尺）。

　　巴拿馬的氣候只有乾、濕兩季，乾季從1月到4月中旬，雨季從4月中旬持續到12月，平均溫度變化不大，白天約31度，晚上約21度，像大多數的中美洲國家一樣，巴拿馬有著大片平坦的沿岸低地，到處種滿了香蕉。

2. 一般資訊

　　1994年，巴拿馬人口約為258萬2566人，全國國民生產毛額約65億8825萬美金，每個國民生產毛額為2551美元，失業率13.8%，目前有長榮航空每週三個航班由台北經洛杉磯直飛巴拿馬，1994年5月8日巴拿馬舉行大選，巴雅達雷斯獲勝，最大的族群是Mestizos人，佔

了人口的62%，他們是印地安人與西班牙人後裔的混種人口，天主教是當地人民主要宗教信仰，首都巴拿馬市（Panama City），住有70萬人，亦是巴拿馬運河太平洋口岸的入口，第二大城市是箇朗市（Colon City），位於彼岸的大西洋，箇郎自由貿易區（Color Free Zone）爲繼香港之後世界最大的免稅區，區內從事製造、倉儲及轉口貿易。

西班牙文是巴拿馬主要官方語文，商界及專業士都會使用英文，法定貨幣"巴布"（Balboa），1904年巴拿馬與美國簽有"貨幣協訂"，（Monetary Agreement），巴布與美元可以互通。

3.境外公司特色

巴拿馬是目前世界上最多境外公司註冊登記地，到目前爲止約有30萬家境外公司登記設立於此，第二多的是維京群島（BVI），計有15萬家，第三名是列支斯坦（Liechtentein），共有八萬家登記，直布羅陀掛名第四，擁有六萬家，共計有100家境外銀行在巴拿馬運作，握有500億美元以上的資產，巴拿馬在1926年即已制訂了"國際商業公司法"（Int'l Business Co. Act），爲境外公司的始祖。在巴拿馬登記設立的境外公司享有高度的隱密性，公司股東名冊完全不對外公開，由於我們所登記設立的是"國外商業公司"（IBC公司；亦即俗稱的境外公司），因此，每年需向當地政府繳交固定的規費150美，由於巴拿馬採用屬地主義之課稅方式，公司只要在巴拿馬當地沒有任何營業行爲，不管公司每年實際有多少利潤盈餘，當地政府皆不會再加以課征任何稅，即使在當地設立辦公室操盤全世界財務運作，例如：L/C、T/T…只要牽涉到國外，不含巴拿馬境內之利潤亦無需課稅，故而吸引很多國際上知名大公司在此設立境外公司用以收款並負責營收開立發票之事宜。

4.境外公司申請手續

（1）需由三名公司董事/股東出面登記成立巴拿馬國際商業公司，此三人並沒有任何國籍上的限制。

（2）公司成立手續方便快速，只要17個工作天即可完成公司註冊登記。並拿到所有相關正本文件並有現成公司供挑選。

（3）公司證件除一份西班牙文版外,亦備有一份英文翻譯，且經公證人認證為合法文件。

（4）由於巴拿馬是一個永久中立國，握有運河要權，並與世界主要國家皆有建交若因海外投資，簽約皆可安排公司文件相關之大使館或商務辦事處認證。

（5）公司成立後可在世界任何國家，且以其自由選擇之貨幣（不限於美金或巴布）從事任何合法的商業活動。

（6）公司董事/股東會議可在世界任何國家舉行，並且可以委託代表出席方式（PROXY），或使用任何通訊方式開會（如：電話、傳眞等）。

（7）公司可隨時申請變更公司董事/股東及主要幹部成員。

（8）公司的各項記錄、帳簿、服東名冊等，皆可保留在世界任何一個地方。

（9）可用公司名稱開立銀行戶頭（臺灣OBU，或香港….等）設立信託、開立信用狀、押匯、轉讓信用狀….等任何合法之商業投資。

（10）巴拿馬公司可以擁有其他公司的股份。

（11）可以擁有房地產及其他動產。

（12）可從事租賃或擁有任何種類的交通工具。

（13）支付或收取借貸、佣金、版稅、權利金等。

（14）公尺成立沒有最低到位資金的規定。

5.注意事項

（1）需要三位公司董事出面登記，需準備個人護照（新護照1~2項，舊護照1-4頁），身分證正反面影印本，公司董事必須由自然人擔任。

（2）公司名稱可使用下列結尾：Corporation, Incorporation, Corp., Inc., S.A., A.G., Financing, Securities。

（3）17個工作天可完成所有註冊手續，並且拿到所有相關證件之正本。

（4）公司註冊資本額為US$10,000（100股，每股US$100），若欲登記高於US$10,000的註冊資本額，則需向巴拿馬政府繳交註冊規費（此為一次性費用），費用計算茲簡單舉例說明如下：

公司註冊資本額	加收政府規費
US$50,000	US$96
US$400,000	US$321
US$1,000,000	US$740
US$100,000,000	US$12,561

（5）公司每年應向巴拿馬政府繳交年度規費US$150

（6）公司章程中會列出：公司註冊名稱，公司註冊地址，當地法定代理人，公司營業項目…

（二）巴拿馬商務船舶登記 Register of Merchant Marine in Panama

一般資訊：自西元1925年起巴拿馬制訂所謂第八條款（Law No.8. of 1925）。開放船舶不限制其所有人的國籍，任何船隻皆可在巴拿馬自由登記註冊，以便日後航行時可插上巴拿馬國旗。

巴拿馬船舶註冊署是世界上最早及最大的船舶登記註冊單位，其噸位及數量都是世界第一，據1996年7月份最新統計資料顯示，全球懸掛巴拿馬國旗的船隻共有1萬3537艘，噸位總數9,935萬毛噸，每

年船舶登記之相關稅收（規費、稅金…等）是該國政府非常重要的經濟來源；相對的，巴拿馬政府的服務對國際海運貿易運費成本的降低亦有相當卓著的貢獻。

SECNAVES是巴拿馬政府各部分中負責船隻登記的最高主管機關，此單位負責審核所有關於船舶註冊事宜，及船舶無線通訊執照，及其他船舶登記註冊有關證件之核發。

SEGUMAR 是SECNAVES的駐紐約辦事處，此機構一向都是在提供巴拿馬籍輪船所需之各項技術，法律事務之協助，另外此單位亦制訂有關航海安全，污染防治、船員福利，船員配置等政策指導方針，以及重大意外事件之調查，此紐約辦事處亦是船舶安全檢查部門，他主管全世界巴拿馬籍船舶的安全檢查，有超過550個安全檢查人員派駐在全世界350個港口中執行巴拿馬籍船舶的安檢工作。

巴拿馬可說是世界上船舶登記之首都，全世界登記在巴拿馬國籍下掛巴拿馬國旗的貨輪，油輪的數量高於蘇聯、日本、美國、希臘、賴比瑞亞之總合，另外巴拿馬與美國簽有"交換協議"（Exchange-of-Note-Agreement），凡是巴拿馬船隻皆可自由進出美國港口，並可在紐約、洛杉磯設立辦事處，並免繳稅，一旦美國發生戰爭時，可徵調巴拿馬籍船舶。

最近巴拿馬政府為吸引世界上各國船東到巴拿馬註冊登記，特過優惠辦法如下：登記的船舶超過三艘以上，或登記的噸數達50,000 GRT以上，可有登記費用20%的折扣，若噸數達100,000GRT以上，則可有50%的折扣。

登記程序：一艘商船需經過適當之登記手續，方得在世界各海域中合法地插上巴拿馬的國旗，進行承攬貨運之行為，要進行巴拿馬籍船舶登記註冊需提供下列資料：

1. 船舶目前及以前之名稱。
2. 船舶登記之淨重、毛重。

3. 船主姓名、國籍、地址。

4. 船舶在巴拿馬之法定代理人。

5. 負責船隻無線通訊帳號之法定代理人、公司名稱及地址。

6. 船舶建造商、建造地、建造日期、甲板層數、船桅、煙囪數目、船身外殼材質、船身長度、寬度、深度等。

7. 船舶主要服務對象。

8. 引擎細節（型號、數量、推進器數量、製造商、速度、馬力、瓦數）

9. 船隻所有權狀。

10. 先前登記國之註銷證明文件。

11. 船隻債權清白證明。

12. 噸數證明。

13. IMO（International Maritime Organization）號碼。

14. 授權書。

（三）註冊費用

1. 政府註冊登記費用（以GRT-GROSS REGISTERED TONS）為計算單位）

   2,000 GRT以下…….US$500

   2,000 ~5,000 GRT ……US$2,000

   5,001~15,000 GRT ……US$3,000

   15,000 GRT ……以上每一個GRT加收

   US$0.1最高收費為 US$6,500

2. 年度政府規費: 每GRT收US$0.1

3. 年度領事費用:

   1,000 GRT以下 ……US$1,200

   1,000~3,000 GRT ……US$1,800

   3,001~5,000 GRT ……US$2,000

       5,001~15,000 GRT ……US$2,700

       15,001以上 …………US$3,000

  4.年度檢查費用

     客輪1,600 GRT以下……US$900

     1,600 GRT以上 ……US$1,800

     貨輪500 GRT以下 ……US$500

     500~1,600 GRT ……US$750

     1,601~5000 GRT ……US$850

（四）登記費用

  1.船主為巴拿馬籍US$1,000。

  2.船主為非巴拿馬國籍US$1,500。

（五）應提示資料

  1.船隻的航行區域。

  2.船隻離岸距離。

  3.使用頻率。

  4.遊艇主要通訊口岸名稱及地址。

  5.船名。

  6.船主姓名、國籍、地址。

  7.遊艇淨重、毛重。

  8.船身外殼材質。

  9.推進方式、引擎數量、推進器數量及馬力、船速。

  10.船身高度、寬度、深度。

  11.甲板層數、船桅、船橋、煙囪數量。

  12.製造日期、製造者名稱、地址。

  13.以前註冊國註銷登記證明文件。

二、紐 埃

（一）境外公司簡介

1.地理位置：紐埃位於紐西蘭東北方，搭乘飛機約三知小時即可到達，是南太平洋中的島嶼，和臺灣只有4個小時的時差，英文是主要官方語言，國內以紐西蘭幣爲主要流通貨幣。

歷史背景：根據1974年10月19月生效的紐埃憲法（NIUE Constitution Act of 1974），紐埃是一個自治的民主國家，是英國聯邦准會員國，受英國的保護，政治非常穩定，居民所找的爲紐西蘭護照。英國女皇特准紐埃使用英國國旗爲其國旗的一部份，我們從她的國旗格式中可以明顯看出，就是英國國旗中的米字裡加上五顆小星星。另紐埃在經濟上則多仰賴紐西蘭支援。

紐埃國會共有20名議員，其中4名由制憲代表選出，其餘6位則是在平民中選出。是由紐埃國會選出之首相擔任，並負責組織內閣。由於與英國及紐西蘭的深厚淵源，紐埃的居民除了是英國的居民，亦是紐西蘭的公民，紐埃的基本組織結構深受紐西蘭影響。

紐埃通訊十分方便，其觀光事業亦非常發達，紐埃以其絕佳的自然景觀及環島高度清澈之海水（海洋目視能見深度達150英尺，約50公尺），每年吸引無數來自世界各國的觀光客，除以觀光事業外，紐埃的農產品出口（以芋頭爲主），每年也爲紐埃政府增加不少稅收。

紐埃境內最知名的銀行爲澳洲的 Westpac Bank，許多紐埃之境外公司亦都在此開立戶頭。紐埃政府對資金進出並沒有加以管制，只要不在當地營業皆不會被課程。爲了進一步促進當地經濟發展，紐埃政府近年來致力於提供各國企業在紐埃設立國際商業公司（IBC-International Business Company）（俗稱境外公司）的優a@條件，鼓勵在當地設立境外銀行，並提供了與瑞士相同之信託服務和

保險業務。

紐埃政府不但提供多樣化的境外公司/銀行服務，同時亦積極在世界主要城市設置地區性的官方註冊辦事處，以便提供世界各國企業快速便捷的註冊登記服務，並與官方辦事處所在地的金融、通訊緊密結合，以達到完善運用紐埃境外公司的目的。目前紐埃政府在美國、英國、瑞士、加拿大、巴拿馬、盧森堡、巴哈馬……等10個地區皆設有官方代表。

紐埃國際商業公司法（IBC Act），除採用傳統中美洲加勒比海地區IBC公司法之基本架構外，亦加入許多符合近年來，各國企業使用境外公司的新需求。

（二）紐埃境外公司特色

1. 公司名稱可以採用中英文並列（或使用其他語文），且公司條例、公司章程、公尺註冊證書、公司票等相關證件皆可使用中文，免除銀行開戶及海外投資翻譯認證之困擾。

2. 只要一名公司董事/股東即可成立紐埃國際商業公司，沒有國籍之限制，並可由法人（如：公司）擔任公司董事/股東及公司之各項職務。

3. 公司在紐埃境外之一切商業活動或交易，投資完全免稅，且資金彙進、匯出完全沒有限制。

4. 成立公司之手續方便快速，只要7個工作天即可完成公司註冊登記，並拿到所有相關文件。

5. 公司成立後可在世界任何國家，且以其選擇的貨幣（不限於美金）從事任何合法的商業活動。

6. 紐埃國際商業公司可享受完全的隱密保障，投資者可選擇發行記名或不記名股票。

7. 股東／董事會議可以在世界任何國家舉行，並且可委託代表或使用任何通訊方式開會（如：電話、傳真等）。

8.可隨時變更公司董事/股東，及公司幹部。

9.公司的各項記錄、帳簿、股東名冊等，皆可保存在世界任何地方。

10.可用公司名義開立銀行戶頭，設立信託，擁有定期存款或從事任何合法投資。

11.公司可以擁有其它公司或合法團體之股份。

12.可以擁有房地產及任何其他動產。

13.租賃或擁有任何種類之交通工具。

14.支付或收受借貸、佣金、版稅及權利金等。

根據紐埃國際商業公司法（IBC Act），要符合紐埃境外公司的資格，有下列四個前景：

1.該公司不能與紐埃境內公司有交易。

2.不能在紐埃當地購買不動產。

3.不得在當地從事信託、銀行、保險等業務或以上行業之仲介業務。

4.不得在當地做為其他公司之代理人及提供紐埃之註冊地址。

（三）公司註冊成立手續

1.只要一個人出面登記即可，準備個人護照（新護照1-2頁，舊護照1-4頁），身分證正反面影印本。

2.公司名稱可以使用下列結尾：Limited, Corporation, Incorporation, GMBH,　　　S.A., A.G., N.V…..等，並且可以選擇結尾名稱要全寫或縮寫即Ltd., Corp, Inc…..

3.七個工作天即可完成所有註冊成立手續，並且拿到所有相關證件之正本。

4.公司註冊資本額自1997年1月1日起由原來的US$10,000調高為US$50,000，若欲登記高於US$50,000的註冊資本，則需加收US$1,000之規費，若欲發行不記名股票則需加收US$300之規

費。

5.公司年度規費爲US$150,000

6.公司章程中會詳細列出：公司名稱、公司註冊地址及法定代理
　人、公司營業項目（在我們標準的公司章程，我們會將營業項
　目登記得非常廣泛，涵蓋所有可能產生的商業活動與範圍）

　1997年後有其他顧慮及變化，則先在紐埃搶先將中英文名字登
記下來是非常有意義。例如：我們在香港之中英文公司名爲Far East
Int'l（Hong Kong） Co., Ltd. 遠東國家有限公司中英文名字都可在紐
埃註冊登記，此公司可在香港開公司支票/儲蓄戶頭，用做轉讓L/C或
T/T之用，同時也可以在臺灣開立OBU戶頭。如果早期在大陸投資設
廠用的是香港公司，現在也可以用紐埃登記的中英文公司名把其股
份買下，免除大陸廠爲香港公司股東所擁有的遠憂近慮。

　（以下爲紐埃商業公司註冊證書樣本）

以下為紐埃國際商業公司註冊證書樣本

GOVERNEMNT OF NIUE
紐埃政府
Office of the Registrar of International Business Companies
國際商業公司註冊部

Certificate of Incorporation　　　　(Sections 14 and 15)
註 冊 証 書　　　　(第十四所和第十五節)

IBC NO........國際商業公司等　　號

I　　　　　,Deputy Registrar of International Business Companies of Niue DO HEREBY CERTIFY
本人　　　　　　　　　紐埃國際商業公司副註冊官,茲特証明,所提供有關一九九四年
that, all the requirements of the International Business Companies Act, 1994 of Niue in respect
紐埃國際商業公司法中註冊之所有文件符合要求,自一九　年　月　日起在紐埃註冊為國際商業公司
of incorporations having been satisfied, was duly incorporated in Niue us an International Business
Company　　day　　of　　19

Given under my hand and seal
本人親筆簽核蓋章

....
Deputy Registrar
副註冊官

三、英屬維京群島

（一）地理位置

在臺灣，也有人叫她爲 "英屬處女島"，這個英屬島國由大約60個小島所構成，位於中美洲的東加勒比海（East Carribean），處於波多黎各（Puerto Rico）東方60公里，安第加（Antigua）西北180公里，人口大約16,750人左右，其中有13,6+9人住在最大島嶼 "托特拉島" （Tortola），也是首都 "洛德鎮"（Road Town）所在地，第二大島是 "維京東島" （Virgin Gorda），爲其觀光旅遊重鎮，全有大約2,500人左右。其餘人口分佈在18個有人居住的島嶼。

1.一般資訊

BVI 由於西班牙人於1493年所發現，在1666年被英國征服納入殖民地管轄前，由荷蘭人在開發，英屬維京群島係英國皇家殖民地，直接由英國倫敦政府管轄，但是根據1967年當地憲法重新擬定後，當地政府享有相當大之自主權，賦與當地總督及議會之行政及管理權力法律根據法律制度訂定1977年，賦與當地政府更大之內政管理權，在1990年11月最近的一次選舉，仍由 "維京黨" （Virgin Island Pary）的Mr. Lavity Stoutt 贏得選舉，BVI主要靠觀光業支撐，每年有1.25億美金，每年有15萬左右觀光客來此地遊歷，工業規模非常小，農業以蔬菜及水果爲主，主要運往美國維京群島（USVI-United States Virgin Island），漁業僅用於出口，運動及國內消耗，大致上來講，本島所要用的，幾乎多需要靠進口。政治上極爲穩定，因每年從英國政府得到相當大的補助，所以完全沒有要求政治上獨立的可能。

2.通訊系統

電話系統通訊爲優異，國定區域號碼爲809-49，Tortala 島及

Virgin Gorda島都有國際航班機場，飛航之航空公司有 British Airway，American Eagle，Sunaire，Liat，Lufthansa和AtlanticAir BVI，從歐洲及美國來，大多經波多黎各，千里島或美國維京群島，只要持有效護照即可免簽證入境，BVI觀光局位於Social Security Building, Tel：809-49-43134

（二）語言／幣制／保密性：

英文為官方及地方主要語言，法幣為美金，資金進出沒有管制，使用支票及旅行支票需附加10%印花稅，主要銀行有（1）Barclays Bank（2）Bank of Nova Scotia（3）Chase Manhattan Bank（4）First Pennsylvania Bank（5）Development Bank of the Virgin Island. 另外維京政府不會對外透露公司所有人資料，除非涉及累社會販毒洗錢，因美國政府與其簽有合約，可要求提供販毒公司資料外，其他資金一律對外保密。

（三）境外公司資訊：

即所謂Offshore Company，主要其1984年所頒佈之"國際公司法"（IBC Ordinance）而定，特點如下：

(1) 會議記錄可在世界各地舉行（此部份由我們在維京群島之管理代理人彙寫）
(2) 境外所得全部免稅，年繳300美金即可。
(3) 在世界各地都有公司法人地位。
(4) 一定是外國人在本島所設立的公司。
(5) 不能在當地營業。
(6) 只要一位公司董事/股東即可成立。
(7) 不需要向維京政府呈報稅務報表。

```
公司成立過程
（1）董事/股東：僅需一位出面登記即可（護照1-4頁及身分證正反面影本）
（2）秘書：需當地之自然人或法人擔任公司秘書
（3）地址：
（4）過程：
        A.自選三個英文公司名人(有現成公司名單可供選用)
        B.公司查名約需1個工作天
        C.正式申請約需1個工作天
        D.快遞回台需2天
        E.總計約需10個工作天
現成公司3個工作天完成申請手續
```

四、巴哈馬

1.地理位置

　　巴哈馬共和國是由大約700個島嶼及2,000個岩礁所組成。境內地勢低平，最高點位於凱特島（Cat Island）上，約120公尺高；全境平均高度33公尺，巴哈馬群島由佛羅里達州東南方600哩處綿延至海地北方50哩。有一些小的岩礁是由私人擁有，大部分則是無人居住。巴哈緊人口約255,000人。約有172,000人住在新島，另約有4萬人居住在大巴哈馬島。

　　那索（NASSAU）是巴哈馬的首都，位於新島（New Providence Island）離邁阿密184哩，建築以維多利亞式建築聞名。在距市區14哩處有一個國際機場，下機後可搭計程車到市區，車資約US$10~12。除了新島外，其他較大島嶼則統稱為 "家庭群島（Family Island）" 包括了較有名的：大巴哈馬島（Grand Bahama距離佛羅里達60哩）、比密尼島（Bimini）、貝利群島（Berry Islands）、

阿巴克（Abaco）、凱特島（Cat Island）、長島（Long Island）……等已開發的島嶼共約15個。

由於巴哈馬群島處處都是淺灘與暗礁，從空中看下海水由各式各樣的藍色組成，顏色深淺多變景色十分壯觀。巴哈馬群島多由石灰石組成，在海邊到處可見魚卵石，巴哈馬土壤貧瘠，且境內沒有河流或小溪，但是在少數地區的土表上仍可發現淡水，只是採集不易，若井挖太深所得到的又是鹽水，所以，居民皆飲用瓶裝水。

2.歷史背景

最早定居在巴哈馬群島的居民是西伯人（Siboneys），他們是由現今之美國佛羅里達州及墨西哥東南部猶加敦半島上的漁民遷移至此定居。

巴哈馬群島中的瓜那哈密島，是1492年哥倫布發現新大陸之旅第一個登陸的島嶼，由於巴哈馬群島資源缺乏，所以對當時的西班牙人來說，一點吸引力也沒有，因此，並沒有在此長久定居下來，但由於當時西班牙人開發古巴、海地及多明尼加需大量奴工，因此，從巴哈馬抓了許多居民去中南美洲西班牙的殖民地從事開礦、種植、養殖珍珠等。

1629年由於英國在今美國維吉尼亞州建立殖民地，開始重視巴哈馬的策略性地位，從此巴哈馬的命運便由於它的地理位置接近北美洲及位於中美洲主要航線上，深受國際情勢的影響而產生變化。在十六、七世紀時，中南美洲海盜盛行，巴哈馬由於地勢多淺灘、暗礁及小港，非常適合海盜藏身，在1715年前據估計大約有1,000名海盜在此活動，其中最有名的是 "黑鬍子"，其特徵是鬍子編成細長辮子，且以兇狠、殘暴聞名。

19世紀由於英國禁止奴隸販賣，因此，巴哈馬成了各路非法販賣奴隸的基地，以便供應美洲大陸南方各洲對奴隸的需求，這種情形一直持續到美國南北戰爭為止。由於美國的內戰，許多美國南方

的有錢人為了逃避戰爭的傷亡，因此紛紛逃離美國到中美洲尋找庇護所，那索（巴哈馬首都）由於地理位置靠近美國，便成了最佳選擇，間接造就了巴哈馬的繁榮，一直到美國內戰結束，巴哈馬的經濟便跟著衰退。

1939年由於第二次世界大戰的因素，再度刺激巴哈馬的經濟復甦，這次巴哈馬的經濟是以穩定、漸近的方式進步，這對巴哈馬未來的經濟制度有結構性的助益，也由此時巴哈馬開始在旅遊業建立穩定的基礎。

1973年巴哈馬成為獨立的國家，國會由65位議員組成。由於巴哈馬本身缺乏資源，因此，政府政力發展輕工業如：晶鹽造業、藥品、甜酒、啤酒釀造….等，及在大巴哈馬設立自由貿易區，其他如國際金融業務如：銀行、保險公司、財務公司…….等，則是從1920年代起便一直蓬勃發展至今。

由於巴哈馬在國際金融市場上的活躍參與，許多國際性的商業銀行皆在此設立分行如：加拿大皇家銀行等。巴哈馬法定貨幣是巴哈馬幣（B$）、與美金等值，美金與巴幣（B$）在當地皆可通用，政府辦公時間為星期一至星期五，從早上9:00至下午5:30。美國、英國、加拿大、比利時、法國、德國、以色列、意大利、荷蘭、瑞士…….等國家，在此皆設有大使館。

巴哈馬國際商業公司（Int'l Business Company，俗稱IBC公司），目前是採用1989年最新立法之國際商業公司法（The IBC Act 1989），巴哈馬國際商業公司有如下之特色：

（1）公司在境外之一切商業活動、交易或投資得完全免稅。

（2）只要一名公司董事/股東即可成立巴哈馬國際商業公司，沒有國籍之限制，並可由法人（如：公司）擔任公司董事長及各項職務。

（3）公司成立後可以在世界任何國家，並以其選擇的貨幣從事

合法的商業活動。

（4）巴哈馬國際商業公司可享受完全的隱密保障，投資者可選擇發行記名或不記名股票。

（5）可隨時變攻公司董事/股東及幹部。

（6）股東／董事會議可以在世界任國家舉行，並且可以委託代表出席，本人不一定要出席。

（7）可用公司名義開立銀行戶頭、設立信託、擁有定期存款。

（8）公司各項記錄、帳簿、股東名冊等，可保存在世界任何地方。

（9）公司可擁有房地產、動產、支付或收受佣金、版稅、權利……等。

3.公司註冊成立手續

（1）只要一個人出面登記即可，準備個人護照（新護照1-2頁；舊護照1-4頁），身分證正反面影印本。

（2）公司名稱可使用下列結尾：Limited, Corporation, Incorporated, Societe, Anonyme, Sociedad Anonima, Ltd, Inc, S.A.

（3）公司註冊資本額為US$5,000（5,000股，每股US$1.00）

（4）公司年度規費為US$100；若欲發行不記名股票，則需加收US$350之規費。

（5）公司章程之內容包含：公司名稱、公司註冊地址、法定代理人、營業項目。

標準的公司章程，會將公司營業項目登記得非常廣泛，將涵蓋所有可能產生的商業活動與範圍、公司註冊資本……等。

五、太平洋地區免稅天堂──新加坡

新加坡主由一大島及54個小島所構成，位於馬來半島南端，新

加坡主要金融商務中心位於本島南方。

　　現代化的新加坡是 Stamford Raffles先生於1819年所建立，並做為東印度公司的一個貿易站。1867年，新加坡、檳城及馬六甲正式成為英國殖民地，1956年，新加坡對英國管轄來講，變為一獨立之國家，不久又宣佈獨立自治選自己的總統。

1.背景

　　新加坡共和國的英文全名為 "Republic of Singapore"，古稱獅子城，位於馬來半島南端，隔馬六甲海峽與馬來群島之蘇門答臘相對。1819年，英國開拓者萊佛士先生（Sir Thomas Stamford Raffles）來此開發，使其成為自由港，由於地理位置優越，中國人、印度人、馬來人相繼移入，秉持萊佛士之 "自由港"精神，使得新加坡之進口貿易蒸蒸日上。1826年，英國將新加坡、馬六甲及檳城三地，在行政上合併，由倫敦殖民部設官制理，合稱 "海峽殖民地"，一次大戰後，英國為保障其在印度洋區之統治地位，在新加坡北部海岸建立海、空軍基地，在入港區佈置潛水艇，希望成為 "東方直布羅陀"。

　　1942年02月：日本攻陷新加坡，三年八個月之統治，改國名為"Shonanto"即為 "南燈之島"的意思。

　　1945年09月：英軍光復新加坡。

　　1946年04月：英皇頒令成立 "行政院" 與 "立法院"

　　1947年：立委選出，成立 "立法院"（新加坡叫立法會議，為讓臺灣客戶易瞭解故用立法院）。

　　1954年：新加坡一批年輕人成立 "人民行動黨"

　　1959年：舉行大選，人民行動黨獲勝，組織政府，李光耀任總理，宣佈自治、國防外交由倫敦控制，戰後民族意識高漲，為使英國交出政權，積極選擇與馬來西亞合併。

　　1962年：全民投票，71%贊成與馬國合併，新加坡保留勞工與教

育主權,加入馬來西亞聯邦。

1965年8月9日:由於馬來西亞東姑拉曼政權怕華人取得政治優勢,又因如何分配新加坡關稅發生歧見,借機逼新加坡退出聯邦,因此新加坡宣佈獨立,距今1994年,剛好30周年。

2.地理位置 / 氣候 / 人口 / 語言

位於赤道北方137公里處,熱帶型氣候,全年皆夏,新加坡主由一大島及54個小島組成,總面積為621平方公里,其面積大約為紐約及倫敦一般大(不包含這兩大城市郊區)。新加坡島由東到西為41.8公里,由南到北共計22.9公里,主要城區位於南半部,因位於赤道旁,故全年平均氣溫為攝氏27度,濕度為70%,全年降雨量為2367釐米,人口大約300萬,人口密度每平方公里4800人,20歲以下人口佔31%,人口出生率約1.5%~1.3%,人口以華人佔78%為主,次為馬來人14%,印度及巴林人佔7%,歐洲人只佔有1%左右,馬來語、華語、坦米爾語(Tamil)及英語為官方指定語言。第一次到新加坡之外人,可能會不太習慣,這種英文當地叫"Singlish" 例如他們跟你說可以時是說 "Can",而不是 "OK" 或 "Yes",我明天打給你叫"I Tomorrow call you "。

3.機場 / 飯店 / 幣制 / 電話 / 傳真 / 手提電話 / 電壓

新加坡機場叫樟宜國際機場(Changi Int'l Airport),位於市中心東方約20公里,機場稅為15元,時區與臺灣一樣,持臺灣護照者免簽14天。新加坡飯店在亞洲一般來講算價格很貴,一般觀光飯店都在180~300S$(NT$3,000~6,000),新加坡動點國際公司與新加坡多定高級飯店簽約持有 Corporate Card,一般來講150S$(NT$3000)就可訂到如Crown Prince之同類級飯店,如有經濟又可有IDD及傳真設備的,也可在 Bencoolen St. 一帶住宿,約S$80~90,如Strand及Bayview Hotel。而YMCA(Metropolitan) 雙人床S$36,Sleeping

Bed（通鋪）一夜S$6是最經濟又安全的唯一地點，新加坡對台幣約1:17.5（1994年09月），千萬別帶台幣來此兌換，很多銀行沒換，即使有馬上被貶8%~10%，最好使用信用卡或在臺灣先換美金，再持美金到當地兌新幣，信用卡此地非常通用，也無特別限制，電話線及傳真申請非常快速，每條線S$70（約1150NT）比臺灣之7000元或香港之600港幣（約2000NT）都要來的便宜，一個星期即可安裝完畢，手提電話與臺灣價值差不多，電壓為220~240伏特，50赫茲交流電，在機場便可租手提電話，每天租金15~30S$。

4.稅制

如在新加坡實際上有營業行為，則1994年起其淨利稅額降為固定為27%，香港16.5%，1993年新加坡原為30%，香港在去年為17.5%，兩國不約而同今年都降低公司稅。

如果在新加坡沒有營業行為，同時沒有將外國所得（如大陸投資所得）匯入新加坡，則不用報稅，僅需每年將繳交年報表及政府規費25S$，我們這部分所講的是所謂的 Private Company私人公司，多為私人出資中小型公司，以新加坡為控股公司然後到大陸或越南去投資。如果是 Public Company（股票上市或政府公司），所設又為分公司方式，則所有之會計步驟一步也不能少。

5.有限公司成立過程

有限公司成立基本條件：下列適用持臺灣護照之公民，並不一定適用其他國定公民。

（1）董事：兩名以上董事（Director），其中一名需為居住當地之新加坡公民，此名董事通常為不佔股之Sleeping Partner。

（2）秘書：需有當地居住之秘書一員，且需為ACIS成員，即新加坡秘書協商成員。

（3）地址：需有當地辦公地址登記，至1995年7月底止，目前有

243家登記在動點新加坡地址，政府對此沒有管制。

（4）稽核：每年公司帳無論有沒有營業，皆需CPA（Certified Public Account）會計師做爲Auditor簽證，通常如果申請之公司爲Inactive Company（沒有在新加坡當地有營業行爲，新加坡人稱其爲dormant Company（睡覺的公司），如果是一家Active公司（在新加坡當地有營業行爲，如攝影禮服店，如需要我公司每月代做帳及會計師簽證的話，價格另議。

（5）過程：

1. 選三個英文公司名，沒有中文公司名，中文名自行命名即可，英文名最後需有Pte Ltd（Private Limited）新加坡可用（S）代替即可

2. 政府查名約需5天就可知曉

3. 臺灣股東公證簽名約1天 Witness by Notary Public。

4. 正式申請約15天執照發下。

5. 快遞回台約2天。

6. 總計約24天。

（6）地域制稅則：新加坡公司稅採用屬地主義，除非外國收入來源匯回新加坡，否則這筆收入不用計入課稅範圍內，新加坡盈利稅爲固定之26%，個人所得稅現爲30%，個人的境外投資如經證明沒有匯回新加坡時，亦視同免稅，外國人或新加坡股東從新加坡取得之股利不用課程，除開收入稅外，還有財產稅，印花稅，關稅，薪水稅地產稅及1994年新實施3%的GST（貨物服務稅，如臺灣5%之加值稅），個人外國收入未匯入新加坡者免稅。

7. 資本財利得

對資本財利得，新加坡政府對外國及本國股東不課稅，外國公

司在新加坡出售股權給新加坡公司而不用被課稅，不過一連串不斷交易，有時候被視為「商業交易」，因而資本利得會以一般收入課稅，過去這個過程常引起官民觀點糾紛，無論如何，股票只要持有18個月以上而買賣，所得利潤絕不會被課程。

新加坡銀行及保險公司，由於生意上之特性，僅課取因股票買賣所得之利得課程，除非他們提出說明辯稱非股票買賣所得，同樣的，股票交易商及證券保管商也是從其公司股票交易所得而課程。經過批准的投資控股公司，其持有少於18個月以內的，可選擇一個特低的累進稅率。

8.銀行及保險公司

為發展新加坡成為國際金融中心，銀行因買賣ACU（Asian Currency Units）

而得之收入，一律課10%，對於非居住公民或公司在特許銀行所開之境外戶頭External Account，如臺灣之OBU戶頭，所得存款利息免稅特別條例用於界定保險公司，在新加坡的一般保險業務應否課稅。為了鼓勵境外保險及再保險公司作業，境外風險保單（除了人壽保險）之固定稅率為10%，而非正常之26%。

9.非居留與居留投資公司

新加坡最近宣佈信託單位之受益人如非居留於新加坡的話，收入完全免稅；這個豁免外國投資免稅之動作將使新加坡在與其主要對手東京及香港比較來講，更具有吸引力與競爭性。基金管理從事信託單位投資，新加坡有一些優點確可超越目前亞洲之兩大對手—東京及香港，香港為繼倫敦及東京之後房租最貴的，香港之員工雖富熟練，但極短缺，即使租用次級辦公室，所費亦頗可觀，動點國際香港在彌敦道信和中心之二級辦公室每坪租金台幣約5,350元（香港辦公室租金約分4~5級，頂級每坪約7,000~10,000台幣）。另外香港

1997年之轉移政權亦頗令人擔憂。新加坡對於信託單位（Unit Trusts）之免稅僅適用於持有人（人或公司）不在新加坡居留，如果是新加坡人持有的話，同時這筆投資買賣利得又於18個月內當中完成實現的話，則基金管理單位可選擇一個3.3%~27%的稅率來適用。

新加坡小檔案

人口：300萬

面積：623平方公里 Tanjong Pagar

語言：英語、華語、馬來語

當地電話國碼：65

國民生產毛額：US$18,025

主要機場：樟宜國際機場

主要港口：Brani, Keppel,

10.公立及私立公司

新加坡公司稅法大部份模仿其殖民地之統治者-英國，公司組成分私人公立、股份分有限、無限及保證三種。實際上有限或私人公司從公司名稱即可看出。英文公司名稱最後爲Pte Ltd（Private Ltd）就叫私人有限公司。馬來文之私人有限公司爲 Sdn.Bhd.（Sendirian Berhad）。沒有Pte/Sdn. Bhd. 的就是公立公司。

一家私人公司之股東不可超過50人，如果這家私人公司股東不超過20人，同時也沒有利得放在任何一家新加坡公司，那麼它即成爲合格之免稅的私人有限公司，私人公司股份之轉讓有其限制，同時不可公開對外募股。一家公立公司把股票或債券對外公開募款之前，必須向政府註冊署塡寫一份發起企劃書，同時每年需向註冊署繳交財務報表。

11.公司成立費用

成立一家新加坡有限公司的費用大約1,800美金至3,000美金，大約台幣48,600元至81,000元。

　　國際收費為49,700元台幣，港幣約15,000元，人民幣16,570元，美金約1,875元，這只有申請時應付的，第二年就沒有了，每年都得繳付的（1）年度靠行地址，（2）年度秘書，（3）年度會計師核數費，（4）年度當地董事（不占股之零股睡覺董事，非股東）四項。這四項目前之收費新台幣共計76,000元，港幣為23,030元，人民幣為25,330元，美金為2,870元，為新加坡所有競爭對手裡最合理的，如果還可以找到比我們更便宜的。

12.投資獎勵

　　新加坡提供一些不錯的投資獎勵辦法值得一提。Pioneer Industry 前鋒工業帶有大量經費及先進科技得享受5到10年免稅優惠，為達此一標準，新加坡政府會先評估此一廠商所生產之產品是否對星國發展遠景有所幫助。

　　一個被批准的前鋒公司 Pioneer Company 有5-10年的稅務優惠，優惠期間的股利所得免稅，其他如利息所得則需被課征27%的公司稅，此一優惠亦適用於販賣及製造前鋒產品之公司。

　　當前鋒獎勵稅率期滿後，尚有一後前鋒獎勵 Post-Pioneer Incentive 可以展延，此一展延期還有五年租稅假期，稅率為10%，過了此一展延期，就恢復為正常之27%的稅則。

13.前鋒服務性公司

　　前鋒性獎勵同時亦適用於執行下列之服務性公司：
　　（1）工程或技術性服務一實驗室，顧問業及研究發展。
　　（2）電腦業帶有資料庫或其它服務性質行業（如D&B）。
　　（3）工業設計相關發展及製造。

14.新加坡為船務公司之稅務天堂

　　在新加坡登記註冊之船舶，其作業或特許事項之收入，完全免稅，船舶在星國以外地區登記，作業公司又未設於星國者，除非有

減免或免除之協定外，將被課取5%之稅率。

15.公司營運總部

新加坡營運部（OHQ-Operational. Headquarters）計劃是由新加坡經濟發展委員會所主管（Economic Development Board 一EOB），係針對跨國企業所提出的稅賦優惠措施，一旦申請成功可享有5~10年的低稅率優惠，此優惠到期後亦可再申請延。

稅賦優惠的部份除了營運總部本身的服務業務所得、及海外子公司支付新加坡OHQ在新加坡執行研究成果，所支付的權利，皆可獲徵10%優惠稅率外；新加坡營運總部旗下所擁有的分公司、子公司等，每年所分配的股利，匯入新加坡亦得免稅。並且新加坡營運總部將這些股利匯回海外母公司時亦免課徵任何稅賦。

16.新加坡營運總部評定標準

一般說來，集團公司必需在亞洲地區至少有2~3個海外子公司，這些海外子公司必須全部或部份由此新加坡OHQ所持有；若因母公司之政策，要求所有集團子公司須直接由母公司所控股，亦可提出專案申請。唯亞洲地區之子公司，必須是由新加坡OHQ所管理與控制。

另集團母公司必須提出證明，顯示在母國有良好之基礎：如資產證明、受聘人數……等。

有關新加坡OHQ的具體規定如下：

（1）每年需在新加坡至少維持新幣200萬之費用成本。

（2）至少須聘用4~5位資深經理人、或專業人士來提供OHQ對子公司之服務。

（3）OHQ的實收資本至少需爲50萬新幣。

（4）OHQ在新加坡需維持至少三種主要功能，其中一種需是對集團子公司的與控制，另則必需是在新加坡執行下各項之其中二種：

（1）管理、業務企劃、協調。

（2）找尋產品及資源。

（3）產品發展、研究。

（4）技術支援。

（5）行銷、促銷。

（6）人力資源開發。

（7）資金管理。

（8）財務管理。

（9）其他對新加坡經濟有助益之活動。

17.避免雙重課程協定

隨著新加坡國際貿易，及海外投資的勃興，促使新加坡政府積極與世界各主要貿易國，及投資夥伴簽訂避免雙重課程協定（DOUBLE TAXA TION AGREEMENTS）。協訂本身，對於其他國家的稅制，皆保持中立的精神，以不會妨害他國的稅制為原則。不論是新加坡境內的稅賦減免，或海外已繳稅額的扣抵，皆緊密結合新加坡屬地主義的課稅制度，及海外所得不匯入新加坡境內則免稅的精神。

這些稅賦協定，對於以國際金融為主要經濟舞台的新加坡而言，是一個非常完善的課稅系統；除可鼓勵新加坡企業對外發展外，亦可吸收國外企業到新加坡發展、投資。無形中增加當地就業機會，促進當地工商發展，及吸取跨國企業的經驗。

目前與新加坡簽有避免雙重課稅的國家共有32個：

Australia	澳洲	Luxembourg	盧森堡
Bangladesh	孟加拉	Malaysia	馬來西亞
Belgium	比利時	Mexico	墨西哥
Canada	加拿大	Netherlands	荷蘭
China (People's Republic)	中國(大陸)	New Zealand	紐西蘭
China (Taiwan)	臺灣	Norway	挪威
Denmark	丹麥	Pakistan	巴基斯坦
Finland	芬蘭	Papua New Guinea	巴布亞新幾內亞
France	法國	Philippines	菲律賓
Germany	德國	Poland	波
India	印度	Sri Lanka	斯里蘭卡
Indonesia	印尼	Thailand	泰國
Israel	以色列	Sweden	瑞典
Italy	意大利	Switzerland	瑞士
Japan	日本	United Kingdom	英國
Korea	韓國	Vietnam	越南

討論課題

1. 試研討在巴拿馬設立OBU應注意哪些重要事項？需準備哪些特殊必要的文件？
2. 試研討全球最熱門的OBU（境外金融中心）維京群島（British Virginia Island/BVI），規定所需的文件與資格，才能申請設立境外控股公司？
3. 試研討臺灣企業如何在開曼群島設立境外控股公司 OBU Account？
4. 試研討台商在大陸投資之資金與營收如何利用境外金融中心OBU之通路，將資金轉移至巴哈馬或維京群島（BVI），而不會被大陸控制資金？試分組研討之！

36,453,170

71,115,483

5,100,428

35,373,058

71,635,307

58,760,094

第三篇

國際行銷實戰專案
International Marketing Realcombat Project

第十三章 企業國際化策略

International Marketing

本章學習目標
e-Learning Objective

■瞭解企業國際化的意義與內涵

■瞭解國際行銷的關鍵成功因素

■瞭解企業國際化專業人才的資源管理

■瞭解企業國際化的經營課題

■學會企業國際化的行銷策略與經營策略的整合

■瞭解國際運籌管理對國際行銷與國際產業的功能

近幾年來，全世界企業都已邁入二十一世紀的e化時代；而企業經營與企業重整最應考量的即是企業如何國際化，以提昇國際競爭力。因為企業競爭力來自企業國際化的程度與策略執行之成果。

環顧全世界經貿體系與實戰運作，自2000年代以後的國際經濟實已邁入「市場國際化」（Market Internationalization）與「經營國際化」（Management Internationalization）所主導的創新紀元；而我國經濟發展與對外貿易在國際經濟秩序與國際市場之導向下，亦已明顯跨進國際行銷（International Marketing）與國際投資（International Investment）的知識經濟時代。

正因為如此，我國進軍國際市場與國際貿易經營戰略亦由傳統式的靜態被動轉型為動態主動的實戰國際市場開發策略，並朝向「國際企業」（International Business）與「跨國控股企業」（Multinational Holding Business）的目標邁進。

更進一步而言，企業國際化的趨勢已是一股擋不住的潮流，尤其在這二十一世紀全世界經濟與貿易都息息相關之際，更是任何企業欲著手進行企業重整必須執行的經營政策。換句話說，無論是出口行銷（Export Marketing）、進口行銷（Import Marketing）或多國籍行銷（Multinational Marketing）等，都很自然地會演變成企業國際化架構。當非本土企業分公司數量逐漸增加，規模日益龐大，無論在行銷、研發、財務、人力資源、事業群、生產線、物流管理、市場競爭等愈趨複雜之際，企業集團的管理一定相對複雜化。因此，企業集團總部（Business Groups Head Quarter）即自然而然地需要建立一個國際運作的總部（International Operation Headoffice）。諸如此種型態的組織架構，最常見於那些擁有龐大企業總部的集團企業。（這些全世界知名的龐大企業，通常都佔其年營業額（Annual Turnover）百分之四十五以上）。因此，全世界各國的各大企業都處

心積慮的欲跨步國際。所謂「立足本土，放眼天下，逐鹿國際」即是企業重整必經的一條生路。

第一節　企業國際化的內涵

所謂企業國際化（Business Internationalization）係在企業集團的組織架構與管理功能重新整合其最有利基的優勢與定位。其中在企業組織的設計內涵應包含一個超大型的本土企業總部，及一個相對應的國際部門。這兩個部門都應直接向企業集團總裁CEO負責。此種組織架構可強化企業總部對非本土公司的監控與管理；並且使得全世界各分公司之間都能做到更頻繁的知識交流與資訊分享。

在企業發展國際化的途徑上，必須成立國際行銷部門，並培訓國際行銷外語人才（以國際行銷與貿易英語為主）。同時，在國際市場開發實戰策略方面，建構強而有力的國際行銷通路，並派專業國際行銷人才出國接洽客戶，爭取國際行銷訂單，無論OEM、ODM甚至OBM之大訂單都可迎刃而解，手到擒來。

換句話說，一流的國際行銷專業人才，必須徹底瞭解國際貿易實務、貿易行銷英文以及國際行銷戰略等看家本領。例如：外國客戶如果說：「Your price is too high」您該如何應對呢？如果他們又說：「Please break down the CIF offer」又是何種意思呢？諸如這些專業國際行銷英文在在都是一流國際行銷專業人才決勝國際市場所必須具備的充分必要條件。

另外一方面，國際行銷係企業化之先鋒部隊與橋頭堡。因此，國際行銷成功之重要關鍵即是國際行銷理念（International Marketing Concept）與國際行銷策略（International Marketing Strategies）兩種

之綜合績效。

從國際行銷的實戰觀點而言，國際行銷的關鍵成功因素（Key Success Factors/KSF）可分為下列幾種：

■ 外銷廠商必須做國際市場客戶所想要的產品與技術研發。

■ 外銷廠商必須製造優良品質的產品，並控制產品品質的穩定度（Superior Quality and Stable Products will meet the International Market Demand）。

■ 企業在國際市場行銷的報價必須具有競爭力。

■ 國際市場的訂單，必須要準時交貨。因為國際市場客戶都是下年度預訂訂貨量（Forecast）以及試銷訂單（Trial order）。

■ 企業廠商千萬不能偷工減料，才不致影響品質，造成國際商務糾紛。

■ 國際市場的訂單要能依照國際客戶的訂單及規格交貨。

■ 企業必須具有良好的生產管理、品管、檢驗（IQC、IPQC、OQC、QA）包裝，以及出貨等事宜。

■ 企業體必須具備健全的組織運作與經營管理。

■ 企業體要具備領導力、創新力與企劃力。

■ 企業體必須具備市場行銷策略，才不致閉門造車，製造出不被國際市場接受的產品及設計技術。

■ 研發要為市場行銷而提昇技術層次，不能為研發而研發；應該為國際市場研發。

■ 企業體必須培訓國際貿易專業人才以及國際貿易英文專才。

綜觀以上所述，在這全球知識管理（Knowledge Management）的新時代，國際經貿情報化、國際市場自由化以及企業經營國際化的導向之下，我國對外經貿愈來愈發達，同時，也愈來愈艱辛。因此，為了突破國際市場的保護障礙，我國國際經貿的經營也應由傳統式的「市場被動」改變轉型為開發式的「市場主動」的實戰策

略，方能在國際市場的舞台上立足與發展。

正因為如此，「國際市場研究」（International Market Research）與「國際市場開發」（International Market Promotion）就成為滲透市場唯一的「雙贏策略」（Win-Win Strategies）

既然企業國際化是一股擋不住的潮流，企業體實應立即著手培育專業國際行銷人才、國際商戰人才以及外語人才，尤其是國際企業管理（International Business Management(IBM)）的高階經營管理專業經理人及CEO TOP Management Team（高階經營管理團隊），方能在國際化的環境中脫穎而出，運籌帷幄，決勝千里。

第二節　企業國際化專業人才的資源管理

企業體在實現國際化構想的最大瓶頸，在於有能力負責國際化經營管理的專業人才不足。這是因為需要的專業人才係依國際化策略而定，以致在整體策略有所改變必要的情況之下，國際化專業人才的素質與數量也愈隨之改變。換句話說，在國際化策略改變的同時，企業體的人力資源結構亦必須站在長期的經營觀點上，適時加以改變。亦即，企業體對於國際化專業人才本身的概念，或培育專業人才所需要的教育課程、研習制度、師資以及教材等，亦應該適時改變成能夠適應新的國際化策略需求之所有內容，否則國際化策略與人力資源之間的互動關係將難以配合。換句話說，必要時，企業體找不到適當的國際化專業人才，剩餘的大多只有傳統理論知識，不太能派上用場的人士而已。

一般而言，有些大型企業將國際化人才培育委託學術界或企業本身獨立的研究院，而由企業策略中脫離。換句話說，他們並沒有將人才培育視為國際化策略性課題來考量；而是將教育訓練、研習

```
┌─────────────────────────────────────┐
│        企業國際化專業人才培訓專案         │
└─────────────────────────────────────┘
```

國際化經營管理專業人才的條件	企業國際化專業人力資源管理	培育企業國際化人力資源的實戰計畫
●一流的國際觀 ●一流的工作能力 ●一流的實戰經驗 ●異國文化適應能力 ●一流的語能力 ●一流的國際貿易實戰經驗 ●一流的國際行銷策略企劃	●確定人力資源的理念明確化 ●重整企業體之教育訓練制度 ●建立用人、選人、留人及育人的專案人才庫（智庫）	●培訓國際化中級主管 ●培訓國際化經營管理人才 ●培訓高階國際化經營團隊 （CEO Team）

計畫視為以年資作為晉昇順序的通過儀式。因為將經理級、課長級等主管，依年齡一批一批地進行教育訓練及研習，以個別國際化人才之專業能力與知識開發的需求就無法一致。換句話說，經理級（高階主管）以及課長級（中階主管）之教育訓練特質本來就不相同，所以其課程與訓練研習內容一定要因才施教。

以下將企業國際化專業人才的教育訓練以圖1-1詳細敘述如下：

由上圖觀之，企業國際化專業人才的培訓是長期計畫，無論在進修課程或教育訓練專案（Staffs Training Project/STP）各方面，都必須以今後企業國際化策略所需要何種人力資源為前題來加以擬訂與執行。當然，此種教育訓練專案必須以企業集團整體策略需求而定。因此，在企業國際化策略方面，人力資源管理（Human Resources Management/HRM）共有以下四項重要課題：

■ 吸收優秀專業人才，並雇用他們以促使行銷戰力（Marketing

Forces）更上一層樓，並能引起其工作動機更穩固，發揮其
各種專長。

■ 預測企業國際化策略人才的特殊需求並建構其運作架構與實
戰流程。

■ 鼓勵全公司員工再學習的精神與興趣，並經常充實人力資源
的工作活力。

■ 為了達成企業國際化的終極目標，企業體應該設立最適合的
教育課程與訓練計畫，以充分儲備企業體集團的人才庫或稱
為智庫（Think Tank），以使企業體的國際化能永續經營與發
展。

　　一般而言，企業經營除了組織變革與企業文化之塑造與推行之
外，最重要的因素即是國際市場的掌握，所謂經營全球化
（Management Globalization）與市場國際化（Market
Internationalization）即是此種經營模式的寫照。

　　更進一步而言，企業經營既然要做企業重整，就必須要先重新
整合國際市場之利基與優勢，並掌控國際市場行銷通路
（International Marketing Channel）與國際物流管理（International
Logistics Management）。因此，如果任何企業能夠掌控國際市場，那
麼該企業絕對能在國際舞台上佔有一席之地。由此觀之，企業要提
高競爭力，唯有企業國際化一途，方能究竟。

　　所謂企業國際化（Business Internationalization）即是企業經營的
理念、市場、產品、文化、策略、研發技術、行銷通路、廣告媒
體、促銷活動、企業定位以及企業組織、人才培訓在在都需要達致
一定的國際水準，在國際企業管理（International Business
Management/IBM）的領域中決勝。

第三節　企業國際化的經營課題

━━━十一世紀的全球與國際市場已進入到電腦網路、電子商務與資訊家電（Information Appliances/IA）的各項領域。目前正是迎接業根本改變觀念的時代。在面對國際經貿市場競爭態勢下，企業經營不應以內銷結構來思考策略，實在應該轉變由全球視野（Global Vision）與國際觀（International Perspectives）來提出戰略構思，方能在國際舞台上立於不敗之地。

因此，企業重整亦應從企業全球戰略的角度切入，以往企業經營的行銷策略都是以國內市場為核心經營的大型製造業，高科技集團產業以及大型國際通路產業，都是藉由出口行銷（Export Marketing）而雄霸一方，不再適合國內企業的經營戰略。

今後的企業經營課題僅依賴國內的市場需求已無法解決任何行銷問題，企業經營者必須站在全球觀點上架構全球大戰略的經營模式，否則將無法開創企業未來。尤其，必須以具備全球規模的策略來進行企業改造與經營管理，因此，企業經營者或CEO必須具備國際觀與全球視野的大戰略是十分重要的決勝因素。全球主義（Globalism）時代的特徵，即在於國際經濟或社會運作必須超越國家主權的本位主義，方能正常運作及發展。正因為全球主義所要求的精神係將國家認定為是構成全世界國際經貿的一份子；在此認知之下，必須與其他國家共生共榮，以尋求國家的生存之道。這就是亞太地區（Asia-Pacific Region）各國經貿聯盟或北美地區（North American Region）美國、加拿大經貿聯盟的主要戰略。

環顧全世界經濟體制，自1990年代以來，全球市場產生急劇的變化，整個國際市場發生空前未有之激變與競爭，甚至到了全球產業與全球市場整合的境地。國際行銷舞台由原先之歐洲市場與美國

市場新紀元，演變至1990年代的亞太市場（Asia-Pacific Market）的新時代。因此，在整個亞太地區經貿圈中，又以亞洲四小龍（台灣、香港、南韓、新加坡）為亞太地區的供應市場。正因為國際化策略必須首先著重國際行銷，而國際行銷（International Marketing）實戰則必須進行國際市場研究與國際市場開發，因此，在全球貿易自由化、世界區域經濟聯盟與全球整合行銷(Global Integrated Marketing)之興起下，新的全球經貿推廣模式與全球市場競爭戰略必定推陳出新，國際企業競爭與國際行銷戰略勢必訴求再定位的市場利基（Market Niche）與市場優勢（Market Advantages）。因此，企業國際化策略更是當今台灣企業生存發展的主軸，進行戰略性國際化之企業升級更是勢在必行與當務之急的課題。

　　茲將企業國際化策略詳述如下：

■ 國際市場研究（International Market Research）　即專業研究國際市場規模市佔率與競爭態勢。

■ 國際市場開發（International Market Promotion）　即專業開發國際市場的行銷策略、通路整合（Channels Integration）物流管理（Logistics Management），以及國際市場行銷業績。

■ 國際產業整合　即整合國際產業，例如國際半導體市場上游之晶圓設計、晶圓OEM中游之封裝產業、下游半導線架等。此種產業整合即稱為垂直式上、中、下游產業整合（Industry Integration）。

　　除此之外，尚有國際市場DRAM之晶片整合，以及國際市場（CD-ROM/CDR以及DVD-ROM）之軟體與硬體之水平式整合。

■ 國際運籌管理　國際運籌管理亦可稱為全球運籌管理（Global Logistics Management），其內涵即是以全球戰略觀點切入企業全球化的行銷（Marketing）、研發(R&D)、人力資源（Human Resources）、製造（Manufacturing）、財務支援

（Financial Supporting）等各領域，並全方位整合其統合戰力（Integrated forces）。尤其在全球行銷(Global Marketing)的專業領域中的國際行銷通路、物流管理、倉儲（Warehousing）、商流、資訊流等各方面都必須有戰略性的思維與佈局。這樣，就能接獲國際OEM、ODM甚至OBM大訂單，進而成爲跨國企業。

■ 國際企業文化的整合　國際企業必須著重跨國際企業投資與多國籍企業（Management Business）之多元化經營，甚至以企業併購的方式進行國際企業整合。因此，國際企業文化的整合是決定企業國際化成敗的主軸。

■ 國際經營策略的整合　企業經營者或CEO必須擁有國際企業的經營才能與策略規劃能力，並充分授權給各部門執行徹底，方能有成果。

■ 國際企業經營管理人才的培育　尤其高階經營管理人才，即所謂的（CEO TOP Management Team）。

■ 國際市場行銷專業人才的培訓　國際市場行銷專業人才首須著重國際貿易實務、國際語言以及國際法律人才的專業培訓．同時，並必須培訓人才具備國際觀與全球視野，這樣才能擁有一支具備全球大戰略的國際行銷兵團，提昇國際行銷作戰戰力。

本章個案問題研討

1.試分組研討台灣企業國際化策略應如何規劃與執行

2.試分組研討在國際原廠委託製造的商戰（OEM Business Marketing Warfare）中，台灣如何尋找絕對優勢定位與利基，並研討整體國際行銷策略（涵蓋永久的競爭優勢與核心競爭力（Sustainable Competitive Advantages）and（Core Competences）。

第十四章　國際行銷個案研究

International Marketing

本章學習目標
e-Learning Objective

- ■瞭解企業國際化的意義與內涵
- ■瞭解國際行銷的關鍵成功因素
- ■瞭解企業國際化專業人才的資源管理
- ■瞭解企業國際化的經營課題
- ■學會企業國際化的行銷策略與經營策略的整合
- ■瞭解國際運籌管理對國際行銷與國際產業的功能
- ■瞭解國際行銷個案之策略企劃與成功之執行力

第一節　OEM國際行銷實戰個案

　　一般人總以為，做貿易出路好；也總以為，做貿易就是攀交情、拉關係、走門路、耍嘴皮，專門替買主與製造工廠穿針引線，以「紅娘」的身分賺取佣金的事業。

　　由於擁有這種心態的貿易商佔了大多數，致使我國的貿易層次無法提昇。事實上，做貿易不是輕而易舉的，其背後必須有豐富的專業知識與專注的精神為後盾。否則白忙一場事小，損壞我國業者與國家的形象事大。

(一) 實戰篇──雨傘禍事

　　龍發威，這位國貿系科班出身的年輕人，在服完兵役之後，就積極地想從事國際貿易這個行業，經過大半年的籌備，終於成立了「發威」貿易公司。公司雖然成立了，但是要做何種產品及客戶在那裡，他卻茫然無所知。這時，一位在軍中服役的伙伴表示，他目前經營一家製造雨傘及洋傘的工廠，並詢其是否有意合作外銷。就這樣，產品的問題暫時有了下落。

　　然而，客戶仍舊連個影子也沒有，正好外貿協會籌辦國產品外銷展售會，龍發威便決定參展。也許是這位「龍少爺」命中注定發財，在展出期間，居然有位老美當場下了三個廿呎貨櫃的訂單，這批貨少說也有幾萬美元，這對剛成立的貿易商來說，的確是個龐大的數目。

　　龍發威十分高興地與買主簽下了一紙銷貨確認合約，及一式五份預約買主開出信用狀付款的預約形式發票。

　　過了五天，老美果真如約開來電報信用狀，為了慎重起見，龍發威還將信用狀送到往來銀行，請銀行對這家公司的信用情形詳加

調查。幾天後,銀行的答覆是信用良好。

有了銀行的確認,龍發威很快地將訂單下給工廠,還三天兩頭地到工廠瞧瞧,直到這批貨如期全部裝船結關,這才鬆了一口氣。

一星期後,銀行通知:這筆十萬三千美元的貨款,全額撥入發威貿易公司的戶頭。

當老美收到「發威公司」運交的貨物後,便立即卸下外箱包裝,卻發現三個廿呎貨櫃的洋傘及雨傘的傘骨竟然撐不開,老美又氣又急,連忙拍封加急電傳電報給發威貿易公司要求退貨。

龍發威真是驚慌失措,不知如何是好,因為非但要賠償這筆數目龐大的貨款,搞不好,老美再到經濟部國貿局控告貨樣不符的貿易糾紛,輕則停止出口三個月,重則將被吊銷出口執照。

不出三天,買主威爾森專程由美來台處理這宗索賠事件,身邊還帶來兩位專門負責打國際貿易官司的名牌律師及一天堆索賠文件。

龍發威只有硬著頭皮,勉強接受威爾森提出的賠償細節,言明一星期內湊足所有十萬三千美元的全數貨款,賠償了事。至於退貨事宜,威爾森答應拍封電傳電報,指示交船運回,運費悉由發威貿易公司負擔。

追究起來,這起貿易糾紛的發生,實肇因於龍發威,對所做的傘類專業實務認識不清所致。

事實上,龍發威當初決定做傘類貿易時,應先瞭解傘骨、傘布及其他零配件的構造、功能、材料等生產要素,更應注意美國與台灣在氣候、溫度、濕度方面的差異,考慮熱脹冷縮的原理,在製造及驗貨時,就應向工廠強調美國市場的氣候特性,在其間計算出差異係數,方能正式製造生產。這樣就不會發生在台灣明明可以撐開的傘,一到美國就撐不開的棘手問題。

（二）實戰篇——入埃及記

在酒廊上班的小莉，由於平常接觸了不少從事貿易工作的客人，也興致勃勃地想做貿易。

小莉認為自己的外交能力不錯，因此更增加了自己經營貿易的信心。主意既定，接下來，就面臨著做何種產品及銷往那一地區的實質問題。

看好一九八四年的洛城澳運會勢將盛況空前，小莉心想運動員是少不了運動鞋及運動裝備的。於是，就決定做外銷運動鞋的生意。她拿出幾年來在酒廊上班的積蓄，請了兩位朋友幫忙，成立了「莉莉貿易公司」。

時間一天、一天地耗過，客戶連個影子也沒見著。有一天，小莉的朋友來電，約她在某大飯店咖啡廳洽商事情，喝咖啡時，小莉無意中發現一位來自埃及的大買主，正與國內某家出口商討價還價，各不讓步。

小莉見此機會，當下就和這位潛在買主交換名片，問出對方擬購買的運動鞋規格大小、式樣設計、顏色搭配，雙方並約定到「莉莉貿易公司」詳談細節。

小莉在招待埃及買主阿布度拉‧哈山看過樣品（工廠漏夜及次日趕製的樣品）、談妥報價，取得確認樣品後，買主當場下了三個呎貨櫃的訂單。

小莉不費吹灰之力，抓到這一筆大買賣，高興得連嘴都合不攏，與買主簽下一紙銷貨確認合約，及一式五份雙方預約買主開出信用狀付款，及賣主接到信用狀後須出貨的預約形式發票。

這筆生意既已敲定，就等著埃及買主阿布度拉‧哈山回國後，開出全套電報信用狀。

過了幾天，阿布度拉果真如約開來全套電報信用狀。在請銀行

審查鑑定信用狀眞僞無問題後，小莉便將訂單下給提供樣品的工廠，另在訂單上加列「×」圖案於運鞋足踝部份的商標上。小莉認爲這樣不但不單調，而且更吸引顧客的興趣及購買慾望。

這批貨如期地在信用狀上所指定的有效期限內，全部裝船結關，運往埃及亞歷山大港。

出了貨，小莉忙著製作押匯文件，到押匯銀行趕辦押匯。兩天後，銀行通知，這筆十五萬五千美元的貨款，一個都不少的撥入「莉莉貿易公司」的戶頭。

阿布度拉買主收到「莉莉貿易公司」運交的貨物後，便立即拆櫃卸貨，他們卻發現三個吋貨櫃的運動鞋均貼有「×」標記的圖案。這個「×」標記不論從任何角度來看，都是「＋」字型的符號，在篤信回教的埃及是不容許基督教「＋」字型符號的存在，阿布度拉又急又氣，連忙拍封加急電傳電報要求退貨。

三天後，阿布度拉專程來台處理這件索賠案。小莉勉強接受阿布度拉所提出的賠償細節，言明十天內湊足所有十五萬五千美元的全數貨款，賠償了事。

這起貿易糾紛的發生，肇因於小莉欠缺貿易務知識、運動鞋專業實務，及對國際市場、各國宗教、風俗習慣認識不清所致。

事實上，小莉當初下訂單給工廠時，除了依循買方的訂單細節條件之外，更應瞭解買方市場顧客的喜愛與禁忌，再配合對運動鞋專業產品知識，如此就能順利地達成交易。

討論課題

1. 試以筆記型電腦（Notebook Computer）為實例，試研討如何與 IBM或Compaq（康柏克）做OEM貿易？

2. 假如遇到國際OEM Buyer殺價，其以龐大的採購數量下訂單，試研應如何因應其殺價措施。

3. 假如本公司為一台灣OEM廠商，欲與洲OEM Buyer做生意，試研討是否應先與對方商談經營理念與行銷策略？請說明理由！

4. 試研討台灣成為全球OEM貿之供應生產者主要原因及其日後發展之國際行銷策略。

第二節　雅芳化粧品公司（Avon Products公司）國際行銷個案

1983年間，Avon公司國際部行銷經理Philip Evens君曾召集其下屬開會，商討如何擬定中南美洲市場（尤其是墨西哥）之長期行銷策略。墨西哥與中南美洲市場均為該公司獲利最高之市場，其全年營收高達該公司全球營收總額的15%。該公司主管人員所面臨之問題為如何保持該市場現有成長率之繼續成長。

（一）該公司簡介

Avon Products公司係多角化經營之企業，其所屬機構包括Avon事業部，Mallinekrodt公司、Tiffany公司及直接郵購部。

Avon事業部係全球最具規模之直銷業者。該部經營之兩項重要工業產品為化粧品、香水、化粧用具之產銷，以及流行首飾及飾

品。Avon集團1982年度總營收三十億美元中，有40%係其美國以外之海外營運收入；當年之國際市場營運獲利高達38%。1982年拉丁美洲之營收總額為四二千八百九十萬美元。該集團當年獲利四億一千五百萬元中，有五千九百四十萬元係來自拉丁美洲之營運。

Avon國際事業部係該公司於1949年在加拿大拓展其營運之時成立。迄1954年止，該集團之海外營運業已擴及波多黎各及委內瑞拉。稍後該公司海外業務成長率加速，使其市場拓及歐洲及拉丁美洲後再拓及遠東和非洲。

Avon集團在墨西哥獨資設立其分支機構名為Avon Products有限公司。該公司總管理處設於墨西哥市，下有三家工廠及分佈於墨西哥與拉丁美洲各國之五家供銷辦事處。

Avon在拉丁美洲之市場佔有率遠高於其他海外市場，其原因為競爭較不劇烈。Avon在墨西哥市場業績非凡，其原因係由於Avon行銷手法能完全配合當地消費大眾好客之習俗。當地人士經常邀請Avon銷貨代表至家中。美國市場的Avon推銷員每兩星期為一期之促銷平均取得訂單不到三十家顧客，而墨西哥之推銷員則可取得多達五十四家之訂單。

（二）產品

Avon墨西哥分公司之主要營運為下述產品之生產及銷售：（1）化粧品、香水及化粧用具；（2）流行首飾及飾品。該項產品均由Avon推銷人員分別赴各國家庭以直銷方式售出，自從該公司1996年在美國成立之後即一直採用。該公司直銷產品多六百五十種。該公司海外直銷產品種類雖少於美國本土市場，但產品性質均無差異。Avon在墨西哥行銷之產品分類為下：

1.女用香水及沐浴用品：包括香水、香囊、香水蠟燭、香袋、洗

臉液劑、香皂及塗面粉等。上述產品均分別納入數個香料產品系列上巿，並分別按特之各類香及包裝外型分類。

2.女用化粧品、皮膚保養及相關產品：包括口紅、染眉毛油、染眼眶劑、護膚油、指甲油及護手油、洗髮潤髮水及髮刷等。

3.男用化粧品：包括香水、刮鬍膠及刮鬍後使用之護膚膠、滑石及香皂；並按香味及包裝外型分別歸為數個系列上市。

4.日常用品、兒童及少年用品：日用品包括除臭劑、止汗劑、口腔衛生產品以及噴射殺蟲液之類的家庭用品。兒童及青少年用品包括香水及幼兒用新奇產品。

5.流行首飾及飾品：包括男仕、女仕及兒童用戒指、耳環、手鐲、項鍊、女用品銷量佔大多數。

Avon在墨西哥市場上市之化粧品由於其價位中等並能符合當地消費者之購買力，故對家庭主婦及職業婦女均能達到訴求目的。

Avon產品之包裝方式與材料，均係配合中等收入消費市場之需求而分別設計為玻璃瓶、鉻銅瓶及瓷瓶等。

（三）產品之供銷

Avon在墨西哥及拉丁美洲各市場銷售之化粧品、香水及化粧用具均係由其為數頗大之直銷人員擔任。直銷人員之主要成員為Avon女性銷貨代表人，他們的身分均為獨立之直銷員，而非該公司之代理人或職員。彼等直接向公司進貨並直接售予各該社區之住戶。

除鄉村地區外，每一個直銷代表均負責其責任地區，直銷業務。墨西哥市場與美國本土之責任地區的差異，是前者的責任地區平均有二百戶家庭。兩個市場相同之點為各直銷代表均向責任地區之住戶分別訪問，其推銷方式主要係在三週為一期之行銷展示新產品的產品型錄及特價品，同時使用樣品，說明產品之用法、化粧品

色卡,及全套產品型錄。該中心處理及統計全部訂單後,即利用其當地送貨機構分別將訂購品送達訂購戶。

Avon墨西哥分公司均係按每年10%之成長率聘用其直銷人員——此項用人成長率為該公司維持穩健獲利率之決定性因素。公司規劃直銷系統之員額採用之主要政策,係不擴大直銷責任地區之規模,此項策略已能有效地提昇直銷人員之奮發。

由於墨西哥各個社區之鄰居家庭均逐漸能接受按戶進行之直銷,故Avon爾後在當地羅致其長期直銷代表之作業將非常順利。Avon直銷代表們及其當地廣告均有助手羅致新進的直銷代表人。當地經理曾表示:

「Avon在墨西哥所作次促銷媒體效果既大且非常優異。Avon之直銷作業涵蓋小鎮及鄉村而且遍及大城市內各個角落。墨西哥總人口中有65%係二十五歲以下之新生代。墨西哥人數及國家均屬少壯派。祇要新生代消費群購買力逐步增加,Avon隨時能配合他們的需求而發展更多新產品。」

(四)產品之促銷

為提昇其促銷與銷量之發展起見,Avon已為其直銷人員提供直銷所需之支援,包括樣品、展示功能需用之產品及產品型錄,以及採行獎勵辦法鼓勵直銷人員發展其銷業績。地區經理定期召集直銷人員舉行銷售討論會報,會報之主要目的係使各直銷人員熟悉新舊產品之推陳出新狀況、行銷技術之講述,以及表揚業績特優之直銷人員。墨西哥之直銷人員均將達成優異業績目標而獲得表揚視為殊榮,因此當地經理建議爾後策略宜加強促銷作業活動。

Avon曾於1981年在墨西哥市場採用另一項定名為「機會無限」的促銷工具。該計畫之主要精神係業績最佳之「直銷群業績優勝

者」，如能再度提昇該群直銷人員之業績，即有機會領取佣金，而且此項佣金制係長期性質。該項計畫之構想為各直銷群主管能繼續覓得新的直銷人員，並加以訓練，以及協助與鼓勵現有直銷人員，以行提昇該群直銷人員之業績，墨西哥市場為「機會無限」計畫之試驗地點，如此項試驗獲致成功，則該公司將引用於其他外國市場。

（五）生產

Avon墨西哥分公司銷售之化粧品、香水及化粧用具等產品，絕大多數均自行生產及包裝。該公司大多數產品雖係依照美國總公司之配方與製程製作，而該分公司亦曾配合墨西哥當地消費者之品味，自行發展若干項香水產品，瓶子及包裝材料則由美國總公司設計後在墨西哥當地製造。

Avon流行首飾產品大多數由美國總公司工程師設計，其製造地點包括波多黎各、愛爾蘭及美國境內之數個獨立廠商，然後運交墨西哥之Avon供銷中心。

（六）墨西哥化粧品市場

墨西哥化粧品市場之區隔，係以產品類別與最後使用人為其區隔因素。男仕、女仕及兒童使用之化粧品各不相同，而且印地安族之墨西哥人慣於使用之多種化粧品項數超過西班牙語系的墨西哥人，然而此兩大族系之消費群均以婦女為化粧品之主要採購人，因此，化粧工業均以十八至六十五歲婦女為產品設計及銷售之對象。當地婦地每年自用及家庭成員使用之化粧品消費額平均為三十五美元。

由於墨西哥社會已逐年趨向開放，吾人預期十六至十八歲之少

年消費群將使用若干項化粧品。

　　Avon為美國少年消費群設計出定名為「色彩作品」（Colorworks）的系列化粧品，其促銷口號為「與你的母親化粧方式不同」。此一系列產品已在墨西哥少年消費群中進行市場試驗，以便為「接受程度」完成市場調查。

　　墨西哥男人（尤其是城市住民）購用之香水及刮鬍後使用之護膚液較美國同類消費群更多。彼等較為喜歡具有男性氣慨之香味。Avon公司認為此一特別市場可望在190年代繼續維持10%之年成長率。

（七）市場競爭

　　Avon墨西哥分公司所面臨之競爭對手，為美國密斯佛陀公司設於墨西哥市之分公司與當地之Bella公司。彼等與Avon相異之行銷方式為利用超級市場，百貨公司及藥房為其零售據點。而使Avon感到關切的是Bella公司。

　　Bella產銷之產品為中等價位。該公司為區隔市場設計之產品，主要以淺淡及較黑皮膚之女仕為對象，市場集中於墨西哥市、Mazatlan、Veracruz及Oaxaca等大城市。此等大城市在1982年銷貨預估額為四億二千四百萬美元，爾後之年成長率約為12%。促銷對象係以「漂亮的墨西哥女仕」為主，其促銷重點係強調墨西哥民族傳統光榮。Bella聲稱其化粧品均為墨西哥女仕們特有的各種膚色而分別設計。為反制Avon直銷策略起見，Bella行銷活動中亦使用產品型錄，並按季節印裝全系列新產品型錄，分別寄給較大型之消費群家庭。消費者之訂單係寄交Bella公司所屬供銷中心，再由其直銷人員親自送以便爭取更多訂單。如此，Avon公司認為Bella之行銷方式已對其逐戶直銷策略構成威脅。

（八）管理部門面臨之難題

Avon公司雖已在墨西哥市場穩住其據點，該公司之長期成長是否能按計畫達成仍然渺茫。其主要原因係由該公司在未來數年必須面臨一般轉型期。Avon公司之發展係由直銷系統有能力進入未開發之地區加以開發後，而達到市場飽和點。就如前述，Avon覓得某一新的市場區域時，立即劃分為數個分區，並增加直銷人員以便對新客戶進行密集式之直銷。

Avon公司採用之所謂「綜小直銷責任區」之政策，係在1950年代末期開始實行，其原因為該公司墨西哥市場每一直銷人員需負責四百至五百個家庭。事實上，幾乎沒有任何一個直銷人員能圓滿地達成此項大任務。該公司將每一直銷員之責任區縮小為二百五十至三百個家庭之後，亦未對各該直銷人員之利潤率發生重大影響。然而此項措施對Avon整個公司之獲利率卻造成可觀之影響。依據Avon公司策略規定，該公司墨西哥分公司在爾後十五年間，將增加直銷人員達三倍之多。

墨西哥Avon分公司預定之計畫，可望在1985年將現有每一直銷員負責之一百五十戶縮減為一百戶。該分公司達成此項目標時很難確定是否仍應繼續縮減戶數，當時該分公司所面臨之明顯情勢為，如需配合當地人口成長率增加銷貨量並防止通貨膨脹之不利影響，則須改採新的行銷策略。

新的行銷方案之一為增加產品種類，尤其是配合墨西哥市場特性而設計之產品。然而其美國總公司之主管卻認為，新創項目將損及現有產品市場。Avon墨西哥分公司經理及其他同仁均認為，必須立刻為該分公司之未來營運擬定妥善計畫，以維持業績與獲利之繼續成長。

討論課題

1. 台灣之國民所得GNP已過一萬美元，為何必須加入GATT（關稅暨貿易總協定）與WTO（World Trade Organization／世界貿易組織）？試研討之！

2. 身為國際行銷人才，應具備哪些素養？試申論研討之！

3. 台商到中國大陸投資海峽兩岸之企業文化應如何融合？試研討之！

4. 試研討亞太經貿圈（Asia-Pacific Economy & Trade Bloc）所引爆的國際行銷利基何在？請就亞洲四小龍（台灣、香港、南韓、加城）與日本、中國大陸、越南、高棉、泰國、馬來西亞、澳門、菲律賓、印尼、印度、澳洲、紐西蘭等市場討論經貿戰的優勢、劣勢、機會與威脅（S.W.O.T戰略研討）！

5. 為何亞洲各國之經貿活動必須以歐洲、美國、日本以及中國大陸為國際行銷策略聯盟（International Marketing Strategy Alliances）的目標市場，試研討其原因與發展的突破策略。

第三節　WORLD WIDE PUBLISHING公司在歐盟之行銷個案

　　在美國境內享譽多年之WORLD WIDE出版公司為問候卡片工業界之翹楚，其國際行銷業務係自1930年代該公司推銷員向加拿大推銷其產品時開始。鑒於加拿大之問候卡片市場頗具潛力，該公司稍後即在加拿大成立分公司掌理當地市場之營運。

　　加拿大分公司發展成功不久之後，該公司隨即在英國之LEEDS

市增設第二家分公司。英國分公司營運上之豐碩成就，使該公司贏得英國問候卡片業界之美譽。

為調查進軍歐洲大陸市場之可行性起見，該公司於1950年冬委託瑞典之行銷顧問公司進行研究。由於該項可行性研究報告顯示進軍歐洲大陸市場大有可為，該公司分別在法國、西德及義大利成立分公司。

美國市場之平日慶賀卡片及季節性賀卡，各占整個問候卡片總銷量的50%。該公司亦兼營筆記簿、宴會用印刷品、紙製品以及各項有關雜貨。其原因為該等商品與該公司之馳名卡片系列產品，可利用同一經銷通路行銷。

該公司西德分公司創設初期，僅經營照相製版生產之問候卡片及禮品包裝用紙。由於產品範圍及規模非常有限，總公司之投資額與該分公司之員工人數亦較少。

上述西德分公司之生產程序，係將總公司在美國印行之最暢銷卡片，利用照相製版複製技術製成卡片，該等卡片之版面設計為美國卡片之翻版，其中問候英文文句譯為德文。可是英文文句翻譯為德文往往會喪失原文之文義。例如：卡片中具有幽默之英文原意譯為德文之後就不一定能保證所有的德譯文句均能維持原文的幽默。再者，由於美德兩民族文化上之差異，卡片上能引起美國本地消費大眾興趣之詞句，不一定能吸引德國之消費者。因此西德分公司問候卡片之銷量遠低於原擬計畫所定之目標。

除前述問題以外，美德兩個市場之產品設計與品質要求亦不盡相同。西德人傳統使用之問候卡片為對摺式或明信片式。問候卡片圖面設計必須獨具匠心，然而德國人之習慣為讓卡片購買人自行在卡片內或背面書寫問候文句，而不採用美式卡片上由印刷商印上問候詞句。

WORLD WIDE公司業已將「感性」（美國問候卡片業者用以暗

示韻文或新詩之術語）卡片引進西德卡片市場。此種印有韻文之卡片在西德市場係屬從未出現之新產品。該公司亦已在德國市場推出摺成爲四頁之卡片。

除在產品設計進行革新以外，該公司在西德之卡片展售設備亦已採用美國市場慣用能存放一百二十張卡片之落地式貨架。

落地式卡片展售架未發明之前，卡片之展售方式非常隨便。一隻四呎半至六呎長之展售玻璃櫃台就把全店的卡片全部舖上；所有的廉價卡片都放到櫃檯中間的紙箱內。每一張卡片都用透明玻璃紙包裝，售價最高的卡片係單張攤開放在櫃檯的兩端。一般零售店均將卡片放入玻璃櫃檯內，顧客有意購買某些卡片時可要求店員取出。

WORLD WIDE公司主管部門認爲該公司在西德行銷計畫之創新與其實施將有可觀之續效。該公司已發現總公司在美國國內市場獲得成就之行銷技術大部分亦可能適用於西德分公司；其原因爲該公司在美國市場之「感性」產品品質優異而且行銷方式亦已創新，尤以零售業階層爲最。

西德卡片市場之主要零售通路，爲連鎖商店及百貨公司。該公司業已向前述零售業者，介紹其總公司採用的非常有疾之存量管制制度。該項制度之主要功能包括自動化之存貨推陳換新及紀錄系統，使零售業者在存量管制及補訂貨選定貨品時均無庸操心。

該公司使用之廣告媒體僅限於貿易雜誌，其原因爲該公司之行銷大半都依賴國際行銷人員之實戰業績。該市場之行銷業務係由總公司直接經營，其方式爲將貨品由美國直接運交總公司駐德國之行銷代表（Marketing Representative）。然而，總公司之管理部門認爲德國分公司經營產品項目非常狹窄，無法全方位地經營該目標市場之整體行銷活動，而且其印刷設備不適合印製英文卡片。該公司強調卡片內容譯爲德文時，必須兼顧美國與德國兩國文化領域之差異

與敏感的問題，尤其是該公司高階主管（Chief Executive Officer/CEO）一再強調：「感性之適切表達才是產品的精髓與訴求。」因此，如何在美國暢銷之卡片中選出適合行銷德國市場之款式與設計，對該公司而言，實在是一項挑戰性的考驗與開創性的行銷機會。

國際行銷問題點之究破

1.WORLD WIDE公司在德國市場所面臨的有哪些行銷問題？
2.試為該公司擬訂可行有效的國際行銷策略，以突破其德國分公司所面臨之行銷問題，並詳估其整體行銷機會。

討論課題

1.為何國際貿易發生糾紛，應適用國際私法與國際公法，而不應接受對方國之法律裁決？試研討之！
2.為何國際行銷人才必須瞭解國際市場各國之貿易法規與海關法規？試研討之！
3.就國際行銷與國際法律之調配而言，國際行銷人才應抱持種態度？試研討之！
4.試研討身為一位成功的專業國際行銷經理，應具備哪些專長與素養？請以管理與行銷層研討之！
5.試研討為何國際市場的服務行銷（Service Marketing）對國際市場市開發的業績將影響甚大？請分析其原因與理由！
6.試研討如何擬訂全套的國際行銷策略企劃案！請分組以個案產品：筆記型電腦（Notebook Computer）之OEM國際行銷策略企劃案!

第十五章 國際行銷高階經營管理

International Marketing

本章學習目標
e-Learning Objective

■ 瞭解國際行銷e化之意義

■ 瞭解國際行銷高階經營管理之內涵

■ 瞭解國際行銷高階經營管理的
　組織結構與控管機制

■ 瞭解全球總裁CEO與COO、CFO之互
　動關係

■ 瞭解CEO與國際行銷的共生策略

■ 瞭解國際行銷價值鏈的內涵

■ 瞭解國際行銷的核心戰力

■ 學會國際行銷策略規劃

■ 瞭解進入國際市場之策略

■ 瞭解國際行銷策略之執行計劃與行
　動方案

第一節　國際行銷e化之意義

際此全球經貿商戰與知識管理狂潮之新世代，國際企業e化的精髓必須轉型至全球網路與國際電子化（International Electrified）的新紀元。因此，定義國際企業e化就如同搜尋全球網際網路（World Wide Web/全球資訊網），亦既無法窺得國際企業之全貌；而且其景觀隨時都在轉變。換句話說，國際企業e化所詮釋的意義既是藉著在開放式的國際網路上完成國際企業流程管理（The Process Management for International Business）的經營模式係以電子化的訴求與定位作為國際企業運作的機制，並藉此全球資訊網取代實體的企業經營過程。基於以上所述之定義，國際行銷e化涵蓋的領域的確很廣泛，包含企業對企業（Business to Business/B2B）、企業對顧客（Business to Customer/B2C）與顧客對顧客（Customer to Customer/C2C）的互動與運作。

　　為了更詳細解讀國際企業e化之意義與精髓，茲再將國際企業e化之意義詳細敘述如下：

　　所謂國際企業e化係跨國企業透過全球資訊網（www）將國際企業資源與戰力連結具潛在客戶（Potential Customer）、國際客戶、全球代理商、國際供應商、全球區域市場競爭者，以及國際策略聯盟夥伴，並以國際行銷與國際採購建構國際供應鏈管理機制（International Supply Chain Management Mechanism）。

第二節　國際行銷之高階經營管理

以策略管理的觀點而言，跨國企業之e化必須藉由全球電子商務（Global e-Commerce）與全球電子化企業化（Global e-

Business）為雙主軸之運轉模式，並以策略思惟（Strategic Thinking）
為跨國企業經營管理理念而形成高階經營管理團隊（Top
Management Team）主導整個國際企業在全球行銷、研發戰力、人力
資源、財務戰力、企業策略、企業文化、企業願景以及企業目標等
戰略性國際企業資源，方能將企業e化成功。

因此，國際行銷e化必須具備策略管理（Strategic Management）
之執行與評估績效，方能在高階經營與中階主管中形成領導機制與
策略核心組織（Strategic Focused-based Organization）。

進一步而言，國際行銷e化必須加入資訊科技（Information
Technology/IT）為資訊長（Chief Information Officer /CIO）與知識管
理（Knowledge Management）為知識長（Chief Knowledge
Officer/CKO）再配合原有的功能性管理。例如行銷副總裁
（Marketing VP）、人力資源副總裁（Human Resource VP）、研發副總
裁（R&D VP）、製造生產副總裁（Manufacturing VP）、財務副總裁
（Financial VP）、此又稱為財務長（Chief Financial Officer /CFO）、營
運副總裁或營運長（Chief Operational Officer /COO ）這些高階主管
連結成國際企業之高階經營管理團隊（Top Management Team）

面對著二十一世紀全球化的挑戰，國際企業管理必須整合國際
行銷（International Marketing）、國際直接投資（Foreign Direct
Investment）、國際業務銷售（International Sales）、國際貨源
（International Sourcing）、國際服務（International Service）、全球資
訊（Global Information）以及國際付款機制（International Payment
Function）為整合主軸而成為一戰略性國際企業經營戰力（Integrated
& Strategic International Business Management Forces）。

基於此項二十一世紀全球知識經濟之信念，國際企業總裁CEO
（Chief Executive Officer）與營運長COO（Chief Operational Officer）
必須企劃跨國企業在網路通訊與資訊科技（Information

Technology/IT）時代的企業文化與企業願景（Business Culture & Business Vision），並將跨國企業轉型爲全球電子化經營戰略的企業模式（Business Model）。例如以實體企業經營管理機制爲訴求的跨國企業，具國際企業資產（如全球品牌、國際資金、國際市場佔有率、全球行銷通路）在虛擬之後照樣能運用自如。然而，國際企業e化最容易失敗的原因既是企業體中抗拒變革的企業文化以及偏差理念的領導風格。這就是所有國際企業轉型失敗以及國際化失敗的主要關鍵因素。正因爲如此，國際企業管理的關鍵成功要素既是企業策略領導（Strategic Leadership）與策略焦點管理（Strategic Focus Management）。

【作者註】企業願景（Business Vision）必須結合企業文化與經營理念方能徹底執行而獲致成效管理（Results Management）與管理績效（Management Performances）。因此，Vision必須譯爲願景，表達「意願、心願、願望」之意。

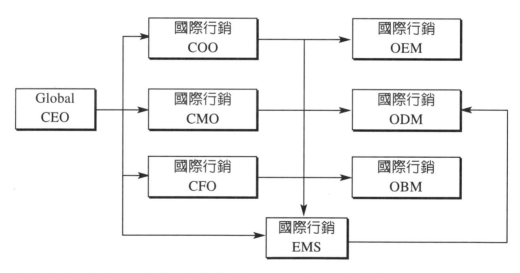

資料來源：許長田　教授教學講義與Power Point Slide 投影片
　　　　　1.英國萊斯特大學MBA Programme University of Leicester (UK)
　　　　　2.美國漢彌頓國際大學EMBA「國際行銷」課程International Marketing
【作者註】：EMS係「專業代工廠」之意〝Exclusive Manufacturing Supplier〞

　　另方面，以國際行銷之海外營運策略而言，國際行銷高階經營管理的組織結構（Organizational Structure）可以下圖作為運作之控管機制：

　　策略事業單位SBU的組織結構已經大到無法讓國際企業總裁（Global CEO）親自督導與親臨控管，必須採用利潤中心制度（Profit Center）作為國際企業內部臨控與稽核的管控機制。因此，專案領導人（Project Leader）與各事業群經理（SBU Manager）必須肩負起國際企業內部管理的重責大任。另方面，高階經營管理團隊（CEO Top Management Team）則在國際企業經營策略層級擬訂戰略決策（Strategic Decision-making）。

第三節　全球總裁CEO與國際企業再造的共生管理

　　一般而言，有眼光與魄力的企業經營者，都會進用專業經理人CEO，以進行企業再造工程的規劃與運作。然而，面對e世代企業競爭態勢的壓力時，企業競爭力的提升便成為CEO首先要推動的重要課題。

　　企業專業經理人（Chief Executive Officer/CEO）都是一身挑起企業經營的成敗。做不好就被換掉，可說是企業CEO的真實寫照與心路歷程。然而，一個成功的企業並不能時常在換CEO，除非到了不可為的時機，要不然絕不能輕易換掉CEO。

　　因此，企業再造的主導龍頭CEO必須不斷地調整自己的腳步與觀念，才不至於在推動企業再造時產生許多不必要的阻礙與麻煩。

　　進一步而言，企業CEO必須建構自己經營團隊（Management Team），方能帶動企業再造工程的運作與變革管理的落實。此蓋因為CEO是企業再造龍頭，而且企業再造的原因，往往是來自企業外部

的客觀環境及產業變化的影響；因此，企業CEO在企業再造的過程中，應該扮演整合各部門或事業群的主帥角色。

企業經營者或CEO如欲永續經營（Going Concern），必須將企業塑造成「不敗的企業」；而不敗的企業必須採用企業改造工程（Reengineering）的理念與策略，方能克竟其功。

換句話說，企業改造工程與變革遠勝於企業組織變革（Organizational Change）。此蓋因為企業工程改造的企劃，已經不再是符合企業組織內部管理的需求，反而必須視企業外部環境變遷與市場顧客需求而定。因此，這種變革不僅是企業觀念變革而已；同時也是企業重新思惟，再定位重新建構企業新競爭利基與優勢的超策略（Super Strategies for New Competitive Niche and Advantages）。

以往的企業經營都是將管理情報系統（Management Information System /MIS）以電腦作業控管代替人工作業控管，然而企業經營變革的新思惟卻著重於經營理念與經營戰略的統合成果（Integrated Performance）。進一步而言，企業再造必須先以「破壞性的創造」（Damaged Creation）做基礎，從市場競爭態勢、顧客需求與企業再定位的方向思考、分析，重新將企業運作再定位為企業經營戰略情報系統（Managing Strategic Information System/MSIS）。正因為如此，「企業經營戰略情報系統」的意義與目標，是企業整合性的價值鏈管理（Integrated Value-Chain Management），並將企業與企業間相關價值活動的統合加以創造獨佔性的全球戰略競爭優勢（Total Strategy for Competitive Advantages）。

綜觀以上所述，企業變革管理必須透過「企業工程改造變革」，對企業重新再定位（Repositioning）、重新再組織（Reorganization）重新再建構系統（Resystem）、重新再訓練（Retraining），以及重新再共振活力（Revitalizing），以達成「打不敗的企業」之終極目標。

另一方面，企業再造並不只是把企業減肥（Business Downsizing）

或重新改造企業組織架構而已。它必須建立起企業新運作機制以及改變企業運作的管制規則，這樣才能真正落實企業改造工程的精髓與真諦。

　　儘管企業再造的口號叫得漫天聲響，但是如果大老闆不先改觀念，不採用專業經理人CEO之通才與專才，那麼企業只會產生只見樓梯響；不見人下來之表面化改造；更進一步而言，公司內部只會趨於更多樣化，更複雜與更危險而已。而這樣的企業終究一定會走向失敗而倒閉的命運。

　　企業變革工程管理在全球化企業（Globalized Business）的風潮催化之下，世界各國無論政府機構、私人企業、控股集團、金融中心、財經企業、高科技產業都面臨國際財經整合，全球晶片整合、寬頻網路中的ADSL與Cable Modem系統的整合，以及全球市場需求與激烈競爭的重大挑戰；進而導致全球企業組織必須急速e化與進行變革的再定位，方能擁有超優勢戰略競爭力（Super-Advantaged & Strategic Competitive Power）。

　　無論是將一家瀕臨破產的公司起死回生，讓一家極平凡的廠商成為產業龍頭老大；或使一家領導廠商拉大與競爭對手的競爭優勢；在在都需要公司全體員工充分的合作與積極主動，以及犧牲奉獻的奮戰精神。

　　因此，危機意識管理（Crisis Conscious Management/CCM）關係到企業變革行動的配合強度與熱度。在一個上百人的企業體組織中，要有輝煌的企業變革成效至少必須要有其中二十人比平常加倍賣力工作。當企業體膨脹到十萬名員工時，要完成如此艱鉅的企業再造任務與願景目標時，可能要靠一萬五千人或更多人的努力不懈方能克竟其功。

　　另一方面，當企業體員工甚至部門主管自滿臭屁程度愈高時，其參與變革工作的意願與興趣就愈低，企業再造與企業轉型的工程

便一直停滯不前，很難推動得順利。因此，在危機意識偏低的企業組織中，最困難且重要的任務就是集合具有能力與實權的人來共同領導變革管理，或說服重要高層主管花時間思考與溝通企業未來的願景。究其原因，就是能力強的人或主管都有其專用的一套想法與看法，造成很難共事，甚至於有些公司的部門主管非常狂傲臭屁，桀驁難馴。這樣的主管心態與作風是企業變革的危機炸彈。

另一方面，中國有一句老話說：「滿招損，謙受益」眞是至理名言。有些老闆或部門主管，自以爲是、狂傲，不聽下屬忠言；而只聽小人的小報告，喜愛下屬拍馬奉承逢迎聽話；一面要人才，一面要奴才，儼然成爲「馬屁文化」而代替正正當當的企業文化。（充其量其企業文化就是馬屁文化）。

本書作者許長田　博士20年專業指導工商企業界進行企業改造工程，發現凡是企業改造失敗的企業都是因爲具有「馬屁文化」而不願突破，像這樣的企業註定必死無疑，所謂「他山之石，可以攻錯」，企業改造如要成功，就必須以建構優質的企業文化爲主軸，CEO與其高階經營管理改善團隊（Top Management Team）必須與企業再造共生與共榮，企業全體員工熱情參與變革與改善，徹底執行並落實CEO High-Ranking Managing Team所擬定的改造策略與變革計畫，唯有如此，方能將企業導入永續經營（Going Concern）的最高境界。

茲將全球企業集團總裁（Global CEO）與國際企業經營管理團隊所建構的國際行銷價值鏈（International Marketing Value Chain）以圖詳述如下：

國際行銷價值鏈
International Marketing Value Chain

Maxwell's Value Chain

國際行銷支援戰力

跨國企業總裁行政協調與策略支援戰力			
國際市場人力資源管理			
國際市場科技發展與研發戰力			
國際市場採購管理			
國際市場 材料進貨 物流管理 MRP ERP	OEM ODM OBM 國際市場 生產基地	國際行銷 成品出貨 物流管理	國際行銷 業務實戰	國際市場 客戶服務

國際行銷 輸出國

國際行銷核心戰力

資料來源：1. 許長田教授教學Power Point Slide投影片
2. "MBA & CEO Strategies" 2004
3. 許長田教授教學講義 英國萊斯特大學University of Leicester（UK）
MBA「國際行銷」課程（International Marketing）

第四節　國際行銷策略規劃

　　一般而言，國際行銷策略規劃必須以行銷願景，國際利基市場與國際財務戰力為企劃內涵。

　　茲將國際行銷的經營計畫詳細敘述如下：

國際行銷策略規劃綱要與目錄

一、　公司簡介（國際企業使命陳述Mission Statement）

二、　企業願景

三、　經營目標

四、　產品與服務

五、　產業分析

六、　市場競爭優勢與核心競爭力

七、　目標市場與行銷定位

八、　行銷策略

九、　經營計劃

十、　經營團隊

十一、　投資規劃與企業資源（海外直接投資）

十二、　財務評估

十三、　風險評估

十四、　整體時程規劃

十五、　附錄（國際企業價值創造價值鏈）

第五節　進入國際市場之策略

一般而言，國際企業進入國際市場之策略可採用下列幾種有效且成功的策略：

一、直接出口行銷（Direct Export Marketing）係直接出口行銷活動，包括報價、接單、押匯等業務。

二、商標授權（Licencing）係以商標授權進入國際市場，並賺取國際行銷利潤與提高國際市場佔有率。

三、合資經營（Joint Venture）

四、策略聯盟（Strategic Alliances）係與國外企業策略聯盟，以合作方式的策略開發國際市場，例如台灣的聯電、台積電、宏電。

五、直接投資（Direct Investment）係以直接投資方式介入海外市場，例如台塑企業對海外生產基地與國際市場的投資模式。

一般而言，國際企業的經營策略與方針管理（Policy Management）可分為下列幾項成功關鍵要素（Key Success Factors/KSF）

1.基於互利的企業夥伴關係，提昇國際行銷與國際企業組織管理。

2.專注於全面品質管理（Total Quality Management/TQM）與走動式管理之執行力（Management By Walking Around/MBWA）

3.擬訂國際企業策略與成功的執行方案。

4.培訓專業國際企業總裁CEO與高階經營團隊以利企業決策與績效管理之推動。

5.提昇國際企業之個人工作能力並整合研發、行銷、財務、品管、生產、人力資源、科技、資材、資訊、知識與創新。

6.建構獨特的管理風格並訓練員工獨立的策略思惟與溝通協調的技能。

茲將國際企業的四大型態以圖表示如下：

國際企業	全球企業
●通常指外國市場並將此類的競爭者，技術、產品、通路而將產品行銷到該國市場 ●例如麥當勞（McDonald）在全球各地設立連鎖分店	●國際企業將全球市場視為整體之世界市場，因此，企業的決策與策略之擬訂均由中央集權之機制運作與制定 ●海外市場之當地需求應變力程度較低，全球化的程度與效率較高
多國籍企業	跨國企業
●係指企業在兩個以上的國家經營管理，並在國外直接投資設立分公司或併購海外子公司 ●海外市場之當地需求應變力程度較高 ●全球化的程度與效率較低 ●如惠普企業（HP）在全球各地成立分公司 ●例如台灣惠普，針對台灣地區市場從事經營與行銷活動。	●係一種知識被全球所運用的投資，「全球學習」與「電子化學習」的組織型態，將企業的能力反應海外當地市場需要。 ●海外市場當地需求應變力程度較高 ●全球化之程度與效率較高 ●例如康柏（Compaq）應用ERP ERP（Enterprise Resource Planning）SCM（Supply Chain Management）供應鏈管理垂直整合其全球供應商與中下游廠商，使其能快速回應顧客之需求與解決顧客之問題（Best Solution）

資料來源：Developing Strategies of Multinational Business and International Business Marketing by Bartlett & Ghostial 2004

以上策略管理的觀點而言，全球運籌管理的運作可分為下述三大重要議題（Critical Agendas）：

一、建構物流資訊系統與標準作業流程管理（Process Management）

二、建構海外生產基地與物流網路以整合原料、材料與成品之

整體生產活動。（Strategic Decision Operation）

三、具備國際企業經營管理財務金融作業之能力與實戰經驗。（OBU Capability）由上述觀之，全球運籌管理（Global Logistics Management）的營運策略與協同機制（Collaborative Mechanism）係指任何產品在整個製造流程中，透過供應鏈管理（Supply Chain Management/SCM）的機制，達到及時交貨與服務（In-Time Delivery and Service），以確保企業在全球市場之競爭利基與優勢（Competitive Niche and Advantages）。換句話說，在全球化的趨勢中，企業現有的產銷或配送通路體制，都將會面臨顛覆性的變革。因此，企業全球化策略必須採行全球運籌管理模式，方能確實掌握國際市場的商機，此種戰略性思惟與運作主軸即是完全攻略全球市場的唯一謀略計畫。唯有百分之百地執行與推動，企業體在全球市場之物流管理與行銷通路方能整合成為全方位的物流、商流、資訊流、金流與人才流的電子商務系統，進而發展全球企業。

第六節　國際行銷策略之執行計劃

一般而言，策略之執行係一種建構企業組織活動欲達成公司目標與策略競爭之程序。其中涵蓋下列十種重要的策略意圖（Critical Strategic Intents/CSI）

一、掌握國際企業競爭的目標市場與利基

二、國際企業如何進入國際市場

三、如何管理國際企業之海外活動

四、海外生產基地（Overseas Production Base）之營運管理機制

建立

五、策略規劃的願景管理

六、國際企業之轉型策略執行方案

七、國際企業之策略績效評估與控制

八、國際企業之策略修訂與調整

九、國際企業之策略領導力、應變力、決策力與執行力

十、國際企業流程再造工程（Business Process Reengineering/ BPR）

另方面，全球總裁（Global CEO）必須擬訂國際企業之全球策略作戰方案，才能成功地攻略國際市場，以海外母公司或子公司（生產基地）而言，母公司之企業資源與企業定位乃關係著海外直接投資的營運績效。因此，國際企業的產業全球化（Industry Globalization）可分為下列各項策略焦點：

一、國際市場攻略

二、國際產品上市時效（Time to Market）

三、國際區域目標市場

四、國際行銷戰力

五、國際競爭優勢與核心競爭力

六、國際市場利基與卡位

七、執行國際行銷策略之組織戰力

八、海外生產基地之建立與維護發展

九、建構國際企業之價值鏈並創造價值

十、建構全球供應鏈管理與全球運籌管理

International
Marketing

附錄

國際行銷疑難問題完全解決方案

一、如何向不同經濟及文化的世界市場進軍？

（一）國際行銷之介紹：

1.國際行銷之涵義：國際行銷乃超越國界的貨品開發、貨價標定、貨品分配、貨品廣告以及市場調查研究等行銷項目。

2.國際行銷策略之步驟：

3.國際貿易與國際行銷之區別：

（1）大體上來說，國際貿易是國際性的買賣，進出口交易之行為而已；許多共產國家的貿公司只做國際貿易的工作，而自己並無在國外設廠而走上國際行銷之路。

（2）許多共產國家只注重貨物交易而忽略開發某市場的國際行銷策略。

（3）跨國公司在國際行銷市場上，大多數只局限於自己的分公司而已，好像母與子、兄弟、姐妹之間的交易。

4.為什麼要打開國際市場？

（1）本國市場已擁擠不堪。

（2）外國公司在本國市場上佔了優勢。

（3）國際收支失調，出現貿易赤字。

（4）新興的國際市場崛起。

（5）為本公司留月迴旋之餘地。

（6）利用國外勞低廉之條件。

（7）利用國外有關稅收的優惠條件。

（8）利用國際市場作為新產品的試驗基地。

（9）擴散市場，增加成功機會。

（10）使貨品暢銷，前途無量。

（11）藉著市場的滲透，吸收外國先進技術和原料。

5.國際貿易之壁壘：此壁壘常爲保護本國利益而設立。

（1）關稅壁壘：物品出、入口之關稅。

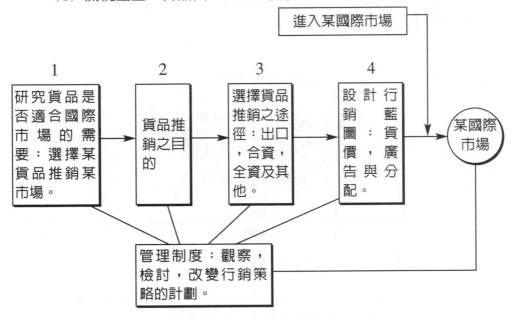

（2）非關稅之壁壘：

1.入口限額：每年入口貨品數量之限制。

2.政府津貼：政府以獎金補助因入口而受損的本地工業。

3.貨幣之壁壘：控制外匯之三種辦法如：

・封銷貨幣：禁止入口，斷絕外匯。

・外匯差額：根據需要而訂出外匯差額之高低。

・控制外匯：入口之項目必須事先經過政府批准。

・路稅。

・抵制外貨傾銷。

・國家制定保護本國工業之法律。

・繁瑣手續之阻撓。

・海關嚴格的出入口衛生規定。

‧包裝規格／標記規定／標明麥頭。

‧入口完全交易。

6.了解對方市場環境之阻力：

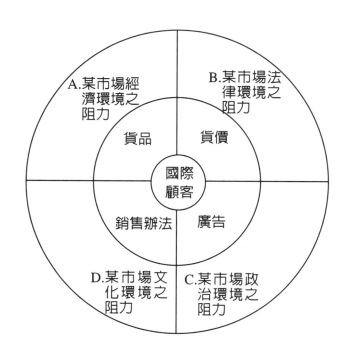

（二）國際行銷經濟及文化環境之阻力：

1.某市場經濟環境之阻力：

（1）市場之大小：人口，人口成長，人口分配情況（年齡、人口密度、勞工），收入情況，人口平均收入，國民生產總值。

（2）經濟狀況（推進或阻礙國際行銷）：地形，氣候，農業國或工業國，工業的基礎結構（運輸與通訊系統、能源大小），商業／財務（廣告機構與通訊、批發機構、行銷研究機構、信貸及銀行服務機構），都市化，通貨膨脹，政府當局的政策，外資引進。

‧運輸費用高漲而影響出口貨品、削弱與對方市場之競爭力。

    ·資本文化經濟行銷與集中計劃的社會主義經濟；如果集中計
    　劃的社會主義經濟，大多數以出口或合同方式進入國際行銷
    　市場。
    ·對方市場的投資率、國民生產總值增長率、國民收入或就業
    　收況均可以推進或阻礙本公司在對戶市場的行銷情況。
（3）國家對外經濟交流狀況：
    ·出入口之方向、質量及價值。
    ·國際收支差額。
    ·國家之外債負擔。
    ·外匯率（例如：國際收支赤字之影響）。
    ·政府抵制入口貿易。
    ·禁止資金外流（阻止外資輸入）。
    ·貨幣貶值（鼓勵外資輸出）。

2.某市場法律環境之阻力：在文化差異懸殊的對方市場，偏重於
  出口，避免以投資或全資方式進入對方市場。下面簡單介紹六
  種克服文化阻力的因素：
（1）物質文明：
    ·賣冰凍的食物需要冰櫃。
    ·貨品運輸需要車輛。
    ·產品廣告需要無線電、電視、雜誌、報紙。
    ·產品分配需要倉庫、火車、飛機、輪船等設施。
（2）語言：與世界各不同文化的國家互為溝通的鎖匙：
    ·英語，是舉世公認的國際商業世界語言。
    ·在一個國家中，有不同的語言，便有不同的文化。比利時有
    　兩種國家語言，南部講法語，北部講法蘭德斯語。
    ·許多非洲、亞洲的國家，一國之中有多種語言，單印度
    　一國就有二百零三種地方語言之多。
    ·排除語言阻力的有效辦法，乃需要當地代理人，此人能

作為外國公司與本地市場的橋樑，外國公司也可以靠對方（當地）的廣告公司傳達與推行，以達行銷之目的。

（3）審美觀：

· 設計：設計本公司的工廠、產品、包裝的同時，必須考慮對方市場國民的審美觀。

· 色彩：大體上來說，國旗的色彩，乃代表該國國民所喜愛的顏色。西方國家，黑色表示哀悼，在東方國家，表示哀悼的顏色卻為白色。

· 音樂：工廠廣告所用之音樂，以本國音樂為最合宜。

· 名牌：名牌最好用本國語言，以適合本地的風味。外國公司在決定名牌之前，最好先調查一番然後決定之。

（4）教育：外國公司要推銷貨品，必須適合當地市場的教育水準。

（5）宗教；風俗與態度：

· 信仰如何影響經濟。

· 工作日程、行銷行為要配合當地的宗教假日。

· 消費者購物與宗教需求及禁戒的關係。

舉例：天主教徒週五食魚不吃肉；印度教禁食牛肉；回教及猶太教禁食豬肉；可是，含有牛奶的食品卻深受印度教徒所喜愛；回教徒不能喝酒，所以可口可樂公司在回教徒國家銷路最大。

· 不同國度的婦女，在家庭消費上的購物權力、就業情況、回答行銷問題等方面對本公司的國際行銷有不同的影響。

· 社會等級制度對社會經濟發展的阻力以及對行銷分配、廣告節目、人事計劃的限制。

· 印度教的家庭制度有強大的經濟影響力，家族地位直接影響到公司職位的高低。

· 有些教會或其他宗教組織，在其利益受損之際，經常會阻擋公司介紹新產品。

・不同的宗教信仰有不同的市場，因而要有不同的行銷策略及
　訊息，北愛爾蘭有強烈的天主教與基督教的鬥爭；巴基斯坦
　是在印度回教徒與印度教徒的衝突之中建立起來的；在黎巴
　嫩，有基督徒與回教徒之鬥爭；荷蘭，有不同的天主教及基
　督教團體，各團體均有自己的政治組織和報紙。

・國際行銷如何受當地人的態度所影響？

・行銷觀念一旦為當地人所接受，國際公司便可以順利地組織
　行銷機構，如人事管理、分配機構及其他促進行銷之機構。

・在佛教或印度教的社會，因受「一切皆空」教義之影響，大
　多數教徒均不大樂意生產及花費。

・在思想比較保守的社會，因注意傳統而影響生產與消費，且
　不易接受新產品與新思想。

・行銷員以及分配機構，要盡量減少消費者購買新產品的擔憂
　心理。下面有幾個冒險的例：產品的性能是否名符其實？購
　用此產品是否會降低本人的身分？要減少這些擔憂的問題，
　可用教育、擔保、欠賬及經濟支持或其他行銷方法來消除消
　費者的顧慮。

（6）社會組織：

　　　・在只有父母及未成年之子女的小家庭中，家庭消費權力掌握
　　　　在父母之手中；大家庭可就不一樣了，家庭消費權力可能掌
　　　　握在祖父母老一輩之手中。

　　　・統一地區：在亞洲、非洲、許多國家之中，每一個部落，便
　　　　是一個自然的市場。比如非洲的比亞佛拉（Biafra）是在戰
　　　　爭中成立的；歐洲的蘇格蘭人及威尼斯人又是另外的一個市
　　　　場。站在國際行銷員的立場上，各種族類，便是各種不同的
　　　　市場。

　　　・不同興趣的團體，如宗教、體育、職業、政治等團體，便是

不同的國際行銷市場。

‧其他的社會團體，如印度的等級制度，美國的社會階層、以及年齡的差別等，都是不同的國際行銷市場。在美國的行銷廣告方針，時常是針對青少年的需求；婦女的社會，經濟地位的不斷變化（如許多回教產油國家，已開始提高婦女的地位，讓她們受高深的教育，給予高級職位的權力，在企業上佔有重要的地位）。這些變化，便是新的市場。

二、如何向不同政治及法律的世界市場進軍？

（一）政治阻力：

1.對方國家限制入口政策：避免國際公司以出口方式進入對方市場。

2.本地政府如有限制往外國投資：避免國際公司以合資或全資進入對方市場，而鼓勵以出口方式進入對方市場。

3.對方市場可能以免稅之鼓勵促進外資輸入本土。

4.對方市場若政治不穩定，引起國際公司減少投資而鼓勵出口。

5.對方市場若政治穩定，會鼓勵國際公司以投資方式入對方市場。

6.有些國家的政府規定國際公司須和政府合資來組織國際公司。

7.很多國家有強烈的民族觀念，所以國際公司應該適應當地的風俗；因此，必會影響行銷上的商標名稱、廣告、銷售、標價、顧客服務等。

8.國家政治不穩定之表現：

（1）在短時間裏，國家元首不斷更換。

（2）國家常常有暴亂、罷工及示威行動。

（3）文化的差別（包括不同的語言及不同的民族性格）：

・非洲的斯里蘭卡（Sri Lanka）有淡米利（Tamil）少數民族和聖哈禮示（Sinhalese）多數民族的鬥爭。

・曼雅禮斯（Bangladesh），巴基斯坦（Pakistan），印度（India），幾內亞（Nigeria）和塞爾（Zaire）各國均有種族衝突。

（4）嚴重的宗教衝突：

・最劇烈的宗教衝突即是印度教和回教之間的衝突，因兩教之間的衝突，引起另一個回教國家巴基斯坦的建立。

・愛爾蘭北部的基督徒和天主教徒的戰爭。

・黎巴嫩的基督徒和回教徒的戰爭。

9.在什麼情形下，國際公司會受到政治迫害？

（1）國際公司所屬國與對方市場的國家外交關係惡劣。

（2）國際公司所推銷的產品或所屬的工業具有政治敏感性。

　　如：原料、水、電、通訊、醫藥以及和國防有關的貨品。

（3）公司規模龐大或處在都市中心，均易受政治壓力。

（4）出了名的公司。

（5）國際公司對本國社會的貢獻：

・對勞工的貢獻？

・賦稅繳納的多寡？

・有否聘請當地的經理？

・有否任用當地的職員？

・有否用當地名牌？

・公司出口量的多寡？

・公司進口技術及資源的程度？

・產品是否以對方市場的國家生產為主？

・有否利用當地的原料？

・有否研究產品的當地機構？

（6）國際公司在對方市場的生存：如果依賴母公司，便會減少政治上的威脅或避免對方市場的政府收歸國有。依賴母公司的意思，即指依靠母公司供給資源和市場。

（二）法律阻力：

1.影響國際行銷的幾種重要的國際法律：

（1）FCN Treaties （Friendship, Commerce & Navigation友誼、商業、航運律法）：此法律乃爲保護美國公司和世界其他國家貿易的權益而設。

（2）The Foreign Corrupt Practices Act of 1977（1977年關於避免國際貿易貪污法）：避免美國公司參加有利於外國政府官員和政治組織的貪污行爲。

（3）Anti Arab Boycott Rules對抗阿拉伯抵制的法律）：美國法院通過避免美國公司參加阿拉伯的抵制行動的決議。阿拉伯的抵制行動，是指阿拉伯的商人抵制世界任何國家（除了以色列之外）的行動。

（4）Tax Treaties（國際稅務協定）：爲了避免雙重稅收。

（5）IMF （Int'l Monetary Fund國際貨幣基金組織）：減少在某一國家的外匯抵制。

（6）GATT （General Agreemention Tariff & Trade關稅及貿易總協定）：此協定盡量減少貿易的阻礙（如關稅等），以促進平等、自由的國際貿易.

（7）Uncitral （United Nations Commission on Int'l Trade Lacus聯合國國際貿易局）：管理國際行銷及付款之辦法，處理商業糾紛及有關運輸之條例。此組織與國際商會關係甚密。

（8）ISO （Int'l Standards Organization聯合國國際標準化組織）：設立國際標準制度。

（9）IATA （Int'l Air Transport Associaton國際航空運輸協會）：協

會會員包括國際航空公司之組織活動，以設立國際航空票價爲主。

（10）ITU（Int'l Telecommunication Union國際電訊聯盟）：制定有關無線電、電話、電訊、國際通訊之律法。

（11）Intelsat（Int'l Telecommunication Satellite國際人造衛星通訊）此國際協定乃爲管理全世界的衛星通訊系統，目前全世界已有半數受管理。

（12）Patents（專利）：通常在各國個別登記，但有些國際專利組織是爲簡化登記手續而設立的。如：

　·歐洲專利公約：包括十六個歐洲國家。

　·共同專利公約：包括九個歐洲共同國家。

　·專利合作條約：最大的國際性專利條約，包括蘇聯以及西方主要的工業國，計有廿個國家在內，於一九八一年簽訂。

附註：現在只要擁有一張申請表，便可以自動地得到有關國家的專利權的申請。

（13）Trademarks（商標）：商標登記較諸版權登記既快又省，世界上有兩個主要的國際性版權登記協會，可以幫助國際行銷者。

　·Paris Union（巴黎公約）：巴黎公約對商標有六個月，版權有一年的保障登記期限。

　·Madrid Arrangement For INT'L Registration of Trademarks（國際商標註冊馬德里公約）：在某一個會員國登記以後，便自動取得在其他會員國的登記權利，但是須支付一定的費用。

2.國際法律的種類：

大部分國家的法律是由古代的兩種不同的法律傳統（習慣法與民法）而產生。

（1）習慣法

．習慣法來源於英國，現代應用在美國及一些英國殖民地，共有廿六個國家應用此法。

．習慣法及按照先例判斷是非曲直。如商標及版權發生糾紛時，採用習慣法的國家，法庭視其所應用以及當地的風俗來判是非。

（2）民法：

．民法不以前例，而以訟案本身的內容來判斷是非曲直。

．民法乃由古羅馬的律法演變而成，目前至少有七十個國家採納此法。

（3）回教律法：

．回教法律是世界第三種法律系統。

．世界上有廿七個國家在不同程度上應用此法，但此法常摻雜著習慣法與民法以及當地傳統風俗的成分在內。

三、如何多、快、好、省地將貨品銷往世界各地？（出口方式）

（一）進入國際市場的不同方式：（附圖6-3）

1.間接出口：貨品在本國生產，間接地送往對方市場的四種方法。

（1）由貿易公司出口

（2）靠信託公司出口

（3）賣給外國公司在本國的採購團

（4）賣給國際大貿易公司在本國的分公司

1.優點：此方法能透過許多中間者，使市場在無形之中擴大。

2.缺點：

．中間者可能和本公司相似，以致注重賣出自己的貨品，引起劇烈

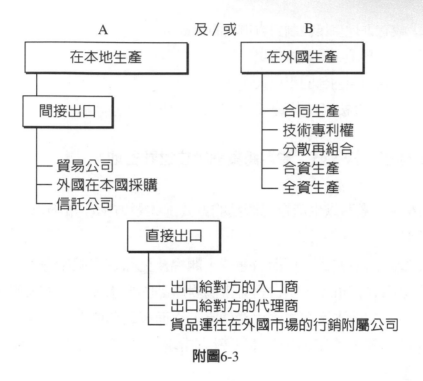

附圖6-3

　　的競爭。

　　‧有些比較落後的國家，對國際貿易公司存有民族偏見，甚至有些
　　　國家（如泰國和埃及）不容許外國貿易公司在本國的存在。

　　‧工廠的產品如果由貿易公司出口，穩定性不大，因為工廠無權控
　　　制對方的市場。

　2.直接出口：工廠直接負責出口，不經過中間者。出口的工作包
括：

（1）先和對方聯絡　　　　　　（2）對市場進行調查

（3）負責商品分配　　　　　　（4）備辦出口證件

（5）出口價格　　　　　　　　（6）廣告

1.優點：

　‧銷售最大

· 較有力地直接控制對方市場的銷量

· 較清楚地了解對方市場

· 訓練公司內部的出口人才

2.缺點：直接出口花費較大，一切責任由自己承擔。

四、如何多、快、好、省地將貨品銷往世界各地？

（國外生產乃以生產自己產品的方式進入對方國際市場也。）

優點：

· 較諸出口方式，可節省運費，關稅及免除進口限制等煩惱。

· 接觸對方市場，明白對方市場對產品的要求及完美的服務。

· 產品的成本比在本國生產便宜，從而有較強的競爭力。

· 購買對方的工廠即是進入對方市場的捷徑，可得以上所列之優點。

（一）在外國安裝

1.所有的零件在本國生產，然後運到外國，在外國安裝。此方式成本較低，可和外國公司簽訂合約。

2.在外國安裝是介於出口和在對方市場生產的兩種方法之間的辦法。舉例：可口可樂公司將汽水濃縮，送到外國市場，再加水變爲汽水。

優點：

· 由於零件拆散，所以運費便宜。

· 許多國家，對分散的零件徵收的進口稅較低。

· 可以增加對方市場勞工的就業機會。

（二）合同生產

產品在外國由第三者生產（根據合同），然後由國際公司本身負責推銷貨品。

優點：

1.無須投資辦工廠。

2.避免勞工及其他問題的發生。

3.如果情況發生變化，要離開對方市場，比較容易，只要斷絕合同停止生產。

4.節省運費及稅金（和出口比較），常常因為對方市場工資便宜，所以可以將零件出口至對方市場的工廠加工。

缺點：

1.生產的利潤不屬本公司。

2.很難尋覓一如意的工廠；如果找得到，日後此工廠也許變為本公司競爭的勁敵，要避免這些問題的產生，須注意商標專利權，要掌握在本公司的手中。

3.產品品質的控制，是關鍵性的問題，因為工廠控制掌握在對方市場的手中。

舉例：「檸檬」國際公司乃利用合同生產的方式進入中美洲的共同市場，因為此方式本小利多。

（三）頒發專利權證生產

1.許可證協定是持有批發許可證的人將許可證交給對方，對方負生產責生，同時付出一定的利潤給許可證持有者。

2.許可證的種類：

（1）專利權

（2）商標權

（3）版權

（4）製造的方法（技術）

3.接受許可證者的責任

（1）按照許可證的規定生產。

（2）將產品行銷至所規定的範圍。

（3）付給許可證持有者所協定的利潤。

4.頒發專利權證之優點：

（1）國際公司無須要本錢。

（2）是進入對方市場的捷徑。

（3）能及時滲透、了解對方市場，無須組織自己的生產機構。

（4）許多國家喜歡頒發專利權證，以此將外國的先進技術快而省地引進本國。

（5）因不是進口，所以對方市場可以節省一筆進口稅及運輸費，避免當地政府排斥外國公司的嫌疑。

5.頒發專利權證之缺點：

・許可證協定期限過後，對方可能會獨立生產，變為勁敵。

・品質的控制

・行銷的瓶頸。

・接受專利權者，也許未能了解專利許可證的實在內容及確定所限定之地區的大小。

6.如何管理專利權證（減少缺點）？

（1）慎重選擇專利權證的接受者。

（2）專利權證須辦理清楚，以確保雙方的利益。

7.專利權證的基本內容：市場的範圍、期限、專利權使用費，保護貿易的機密，註明對方的生產效率及品質水準。

（1）專利權證持有者，不可全部露底，應保有部分秘密，以便控制對方。

（2）專利權證持有者，可在對方投資，以擁有控制權力。

（3）專利權證持有者，要控制市場的範圍及產品的種類

（4）專利權證持有者，要在對方市場的國家申請商標和版權。

（5）專利權證持有者，在生產、行銷、技術、品質等方面要常常幫助對方，使對方成為必須依賴本公司。

（6）國際公司在專利權方面的成功與否，取決是否有專人負責專利

權證的問題。

（四）合資生產

　　合資生產和專利權證有許多共同點，如產品均在外國生產，產品的分配、行銷均由對方負責。合夥生產和專利權證不同之處乃前者有資本投資及管理權，而後者無此權益。

　　1.合資的優點：

　　（1）比專利權證的利潤大，因為有投資在內。

　　（2）比較能控制對方市場和生產權利

　　（3）比較能了解對方市場。

　　（4）增加國際行銷經驗。

　　（5）有些外國政府只准以合資方式進入其市場。

　　2.合資的缺點：

　　（1）比專權證及出口具有較大的冒險性。

　　（2）國際公司與對方市場菩能有不同的目標、需要和興趣，可能會發生衝突。比如：

　　　　1.轉讓價　　　　　　　2.產品種類的選擇

　　　　3.利潤的處理　　　　　4.對市場範圍的看法

　　（3）責任分擔不平等：在五十比五十的合資生產中，國際公司認為吃虧，須負責生產技術、管理技術等條件，而忽略對方市場當地公司的了解與貢獻。

（五）全資附屬生產公司

　　1.國際公司投資全部資金，因而有全權控制權利。

　　2.全資方式有以下兩種：

　　（1）購買現成的生產公司：此方法有三個有利條件，比自建工廠能更快地進對方市場：

　　　　1.有現成的勞工。

　　　　2.有現成的當地管理人員（可將原具有國際貿易經驗的經理留

下來）。

3.原有的工廠對當地已有深刻了解及普遍地接觸當地市場及政
府。

（2）建立新的生產機構：可用最近的技和機器；同時，避免改良舊
工廠的舊制度等麻煩。

1.有的國際公司不得不建立新工廠，因為沒有舊工廠可買，或
者由於某國政府干涉，不准購買舊工廠。

2.優點：

· 賺的錢全部歸國際公司所

· 深入學習國際生產經驗及了解當地市場之情況。

· 避免如合資方式所產生的和當地同夥人的衝突。

3.缺點：

· 投資的資本及管理資源較大，但是資金不是主要問題。

· 大規模的公司，以全資的方式經常找不到適當的具有國際
貿易經驗的人員。

· 有的國家，政府拒絕以全資方式投入附屬公司，而規定必
須以全資方式或合同生產方式。

· 全資方式缺乏當地人提供詳細情報。

＊當地的合夥人，時常會指導、幫助國際公司，避免錯誤
以及如何應付本地的生意人及政府。如：買現成的工
廠，便無此顧慮。

（六）結論

歐洲有一規模頗大的代工公司，在發展外國國際市場方面，歸
納為五個步驟。

1.第一步驟（小國際市場）：必須透過貿易公司或代理公司將貨
品送往國際市場。

2.第二步驟（對對方市場有信心）：本公司須派一些推銷員到對

方市場，幫助當地的代理商推銷本公司的貨品。

3. 第三步驟（當派出去的推銷員報告對方有大市場、大銷量的時候）：本公司當在對方市場設立自己的行銷機構，在國際貿易上，稱為全資行銷附屬公司。

4. 第四步驟（當國際公司在對方市場所設的行銷附屬公司報告營業大賺錢的時候）：國際公司開始行動到對方市場設立工廠：可以開始設立零件裝配工廠，零件由本國出口，進入對方市場。

5. 第五步驟：在對方市場設立一個設備完善的工廠，生產的貨品可以利用當地的原料和市場，當地的工廠生產大部分產品，但少數產品仍須由本公司生產。

附表6-1　進入對方市場各種途徑之比較

進入深淺的程度	投資外國	外國 行銷責任	外國 生產責任	管理	冒險性
出口					
行銷附屬公司	全部	全部		全部	全部
合同生產					
專利權證					
組合機構	全部		全部	全部	全部
合資	部分	部分	部分	部分	部分
全資附屬公司	全部	全部	全部	全部	全部

五、如何使貨應世界各地的需求？

（一）貨品的生命週期：（附圖）

（二）如何使貨品適應外國市場？

    1.對方市場：

    （1）哪一種消費者買我們的貨品？

    （2）哪一種消費者用我們的貨品？

    （3）消費者如何使用我們的貨品？

    （4）消費者在何處購買我們的貨品？

    （5）消費者用什麼方法買我們的貨品？

    （6）消費者為什麼要買我們的貨品？

    （7）消費者什麼時候買我們的貨品？

    2.環境對貨品銷量的影響：

    （1）地理

    （2）氣候

    （3）經濟

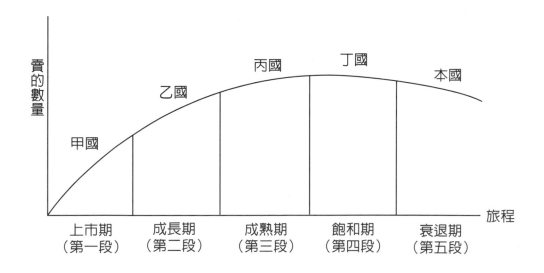

（4）文化

（5）政治及法律

3.政府的條例：

（1）進出口關稅

（2）標記

（3）專利－商標

（4）稅務

（5）其他

4.競爭：

（1）價格

（2）貨品成績

（3）設計

（4）專利權

（5）商標命名

（6）包裝

（7）服務

5.本公司生產的貨品：

（1）貨品的形狀（大小、設計、原料、重量、色彩、其他）。

（2）貨品的特徵（保護、色彩、設計、商標、其他）。

（3）服務的範圍（說明書、安裝、保證書、維修及保管、零件）。

（4）如何推測貨品的利潤？

（三）服務行銷

1.專利權出售及服行銷：專利權包括商標、版權、專利服務行銷
包括研究、生產、行銷、管理等技術。

【例一】特許總代理權：如「福華前順」及「肯德基」炸雞將商標
賣給其他公司；「麥當勞」授權給一千個外國公司用其名
「可口可樂」，在世界各地售賣專利權。

【例二】諮詢服務行銷：美國希爾頓、五洲、喜來登等旅社在國際市場有出售管理專利權給其他旅社，通常不花本錢。

2.啓鑰合同：到外國蓋工廠，生產後交給對方，國際公司只賣工程技術及訓練當地人事管理而已。除了賣技術以外，也同時供給工廠所需的原料及儀器。

（四）產品標準化及適應當地的條件

1.促進產品標準化的因素：

（1）產品成本低；產品的研究及發展的成本低；行銷成本低。

（2）遊客的日用品須標準，確保顧客的信心。

例如：刮鬚刀、柯達膠卷、希爾頓旅社的服務。

（3）出名的貨品須標準化生產，以保持在消費者心中的印象。

（4）工業產品化日常品的規格較標準化；化工產品的制度，配方在世界各地變化不大。

（5）出口的貨品的規格比較一律化。

2.使貨品適應當地條件的因素：

（1）不同貨品的不同使用方法：

1.氣候：熱帶和寒帶的不同地區，要有不同的適應特徵。

例如：汽車在美國北部需要暖氣設備；在南部則需要冷氣設備。

2.不同的道路和交通擁塞情況，要求有不同的汽車和不同的輪胎。

3.不同的國家有不同的穿戴習慣，從而，有不同的洗衣機，或不同的肥皂。

（2）世界各國人口每年平均收入不同，由最高的每人一萬美元到最低的每人一百美元，此種相差懸殊的情況，直接影響到消費者購買能力和貨品包裝的色樣。

（3）消費者的欣賞能力的不同，影響到食品、服務等貨品的購買

力。

　　例如：法國人喜愛四門汽車，德國人喜愛兩門小汽車。

（4）政府的影響力：

　　1.有的國家禁止某種貨品入口。

　　2.對於食品和藥物，不同的國家，在價格、包裝、及商標方面，有不同的規定。

　　3.關於工業品，不同的國家有不同的規定。

　　例如：拖拉機及輪胎

（5）公司的歷史和經營：國際公司在當地的附屬公司，有時只注重生產數量，不注意貨品的標準化。

（五）包裝

包裝與貨品保護及廣告的關係：

1.包裝的種類及堅固性受下列因素的影響：氣候、運輸、道路旅途的長短，消費者如何使用。

2.什麼是好的包裝：不易破碎，不易被盜，易於運輸，給消費者方便）。

3.包裝的色彩、款式、原料等方面是否符合消費者的要求。

4.包裝的大小，受當地市場消費者的收入所影響。

（六）標記

1.不同語語的標記：

（1）用法文的香水瓶：香水以法國的產品印象最深。

（2）用英文的口香糖：口香糖以美國的產品印象最深。

2.應該遵守政府的有關標記的法律：

　如：電器的標記需註明電壓的指數和電流強度。

3.用標記來推廣貨品：生產者須用適當標記來鼓勵消費者購買，並解釋使用方法，使消費者滿意而變成主顧。

（七）名牌與商標

要採用世界性的名牌還是區域性的名牌？

1.要將國際性的名牌帶到各國去之前，如果發現在某地區已有人先用此名牌，且先用者已進行登記，則此名牌不可重用。

2.世界性之名牌，如果在方言裏是不好的話，則不能用。

例如：歐洲有一皮革公司，牌名為「勒格」（Dreck），此名涵義乃「強力」，但德文的意思是「垃圾」。

3.應用世界性的名牌，可以增強在國際性的競爭力。

4.有些應用世界名牌的產品，為了大銷路，在某些地區反而應用區域性的名牌。

【例一】日本三菱牌汽車非常出名。但「三菱」在美國，無人知道是汽車，美國人只知道它叫做「克萊斯勒」（Chrysler）。

【例二】「道士馬」電子產品乃日本名產，但此產品卻是台灣大同公司所製。

【例三】「岷魯達」小型影印機乃日本名牌，但在美國卻以IBM名牌銷售。

【例四】IBM電腦螢光幕乃美國名牌，但此項產品，又是台灣大同公司所製。

以上諸例，說明區域的名牌有時也是打進世界市場的銳利武器。

5.在許多消費者的印象中，以名牌取捨，所以許多公司都不惜耗費龐大資金確立名牌的地位。

6.購買當地公司，是打進外國市場的有效辦法，因為當地公司有其原有的名牌為人所接受，如果隨便將名牌更換，將會失去當地的市場。

（八）保證條款

1.如何選擇國際性或地區性的保證條款？

（1）佔有國際市場的產品，無須區域性的保證條款。

（2）遊客日用品必須有國際性的保證條款。

（3）安全設施的貨品需要保證條款。

（4）由某一公司生產的國際產品，而且附有世界性的服務公司，無須地區性的保證條款。

2.在什麼情況下，使用地區性的保證條款？

（1）當你使用國際性的保證條款必須付出高代價時，最宜採用地區性保證條款。

（2）當國際公司在不同的地方設立生產機構，且有不同的品質管理標記時，便要有不同地區性的保證條款。

（3）產品在不同的地區製造，規格不同，便需要不同的保證條款。

（4）國際公司在世界各市場無法設立標準的服務機構時，便需要地區性的保證條例。

3.在什麼情況下保證條款可以作為國際公司在國際市場上的競爭武器？

（1）本公司的實力及保證書與對手的較量。

（2）公司在當地市場的地位及印象。

（3）國際公司的生產技術。

（4）保證條例需要服務機構的搭配。

（九）服務維修政策

要有好的國際服務維修力量，須要投資在設備、人事、訓練及建立一個好的代理機構來服務國際公司的各國市場，因為當地人購買外國貨品最關心的問題是否有服務維修機構。

有關服務維修問題的建議：

1.簽訂服務維修協約，許多工廠需要不停的生產，所以必須派人

定期檢查維修。

2.快速維修服務，如果缺乏零件要以飛機運送。

3.認眞選擇代理商，以服務設備的優劣爲重點。

4.設計新產品之初，便要顧及將來維修之問題。

5.開設代理商訓練班，訓練服務維修能力。

6.如果以出口方式進入國際市場，服務維修的責任則完全靠著對方的代理商。

（十）國際貨品與國內貨品的劃分原則

1.國際市場貨品選擇的原則是什麼？

（1）如果一種貨品在銷往國際市場遇到劇烈的競爭時，而且貨品價格偏高，此種貨品便不宜銷往國際市場。

（2）視消費者的口味、慾望、及消費的習慣。

（3）有的政府爲了國防原因，禁止某種貨品出口。

例如：美國出口管理條例，授予美國總統權力，抵制將貨品銷往共產國家。

（4）頗具規模的國際公司，在本國的貨品擁有普通商品到高級科技產品，在選擇推銷國際產品時，便要選擇適合對方的經濟和文化的水準。

（5）國際公司如果以買現成的公司而踏入國際市場，常常有許多貨品可以選擇。

（6）國際公司在某國際市場越久，越有經驗和技術來擴充它的產品。

2.進入國際市場的方式對選擇貨品的影響：

（1）出口方式：選擇方式不受限制，只有受外國的進口稅、運輸費及提倡國貨的威脅。

（2）以專利權方式進入：選擇貨品受到限制。接受專利權的對方公司，可能已進在生產同樣的產品而形成競爭，但是，以合資方

式進入，可避免進口稅和運輸費的威脅。

　　例如：有的國家提倡國貨，因此以專利權進入國際市場比出口
　　　　　方式佔優勢。

（3）合資方式：如本地的同伴發現貨品一樣，便會阻礙國際公司在
那個市場上的自由發展。

　　例如：合資方式對貨品的推銷受限制。

　　例如：在製藥事業方面，因為要製造一種新藥，須花費許多人
　　　　　力、物力來實驗，所以大部份醫藥公司及以專利權證及
　　　　　合資來和對方公司合作生產。

（4）全資方式：以此方式踏入對方市場，在開發新貨品方面，比較
自由容易，因為國際公司在外國的工廠，有發展任何產品的自
由。

3.開發新產品的資料來源是什麼？

（1）開發新產品的資料來源：

　　1.當地公司職員

　　2.顧客

　　3.國際公司的研究工作

　　4.代理商

　　5.推銷員

　　6.發明家

　　7.競爭者

（2）有一間美國大化學公司，在瑞士開設一大辦公室，主要的任務
是要注意歐洲隨時生產的新產品，「歐洲貿易雜誌」乃政府出
版之刊物，專利而出版的資料。

（3）政府及國際機構經常出版指導政治及經濟的刊物。

4.國際新產品資料對國際行銷者幫助的範例：

（1）可口可樂開始製造三順的汽水，是一種高脂肪的飲料，墨西哥

政府感到此產品對其國民有益，便主動幫助可口可樂公司，介紹新牌汽水到本國市場。

（2）越南戰爭對峙多年，因為美國使用舊式武器，所以美國海軍特別為越南戰爭製造一架噴射式的飛機，此飛機本錢便宜，速度慢，儀器簡單。

（3）美國ZM購買印度Ferrania公司，為了改良本身影片的膠卷，因而發明了一種新的醫學上拍照用的膠片，沖洗相片無需暗房設備。

（4）TRM購買德國的Plenger公司製造打汽機的技術，TRW便很成功地在全世界推銷水中的打汽機。

（5）國Gillette's的董事，研究Gillette所生產的刮鬍刀，便發明雙層的刮鬍刀。

5.製造貨品的決定因素：

（1）生產因素：新貨品若應用現成的工廠設備及其技術（包括現成的工人），此新貨品的製造成本便比較便宜。

（2）行銷因素：應用原有的技術設備（如下列四方面）：

1.現成的銷路

2.公司產品之名牌受當地人歡迎

3.貨品在生命的週期中

4.新舊產品差別的大小

6.國際公司設立研究及發展的機構應注意的事項：

（1）國際公司通常在本土設立研究及發展的機構，但現在已逐漸轉移至外國市場的國土上。

（2）國際公司通常在最大的市場上，設立其最早及最大的研究及其發展機構。

（3）國際公司選擇在某地方設立研究及發展的機構必須先考慮在當地有否適當的技術及科學人才。

（4）以購買現成公司進入對方市場，通常是國際公司發展其在外國
研究機構的最快，最有效的辦法。

（5）製造消費品的公司，常可看到其研究和發展的機構由當地的分
公司負責，但製造工業品的公司，研究和發展機構，通常是在
本國母公司之內。

（6）對方市場政府的壓力及其鼓勵，常常也會影響公司設立研究及
發展的機構。

（7）研究及發展分為兩大原則：

1.貨品的分別。

2.研究及發展的深淺程度。

六、如何標定國際貨價？

（一）國際貨價標定之策略：

1.最初貨價標定之辦法（當貨品首次進入新市場的時候）：

（1）價格標定之捷徑：以游擊戰爭之方式，標定最高的價格進入新
市場，以獲得既快又高的利潤。

1.短期內的反應：冒險性較小，且本小利多。

2.長期性的反應：冒險性大，可能招來競爭勁敵。

（2）價格標定的長遠計劃：
以低廉的價格進入對方市場，建立穩固的基礎，以便應付
未來的競爭者。

（3）價格標定的靈活性（此方法乃以上兩種方法的中和）
推銷新產品時，以高價進入市場，然後逐漸將價格降低。

2.確立貨品印象之條件：

（1）為使新的貨品確立新的印象，應抬高價格，敢冒購買者減弱之
風險。

(2) 抓住消費者願意付高價購買高品質的貨品之心理。

(3) 盡量說服消費者對貨品品質的信心。

如果發現競爭者在對方市場仿效本公司的行銷策略時，應該用價格以外的方法來應付之：

1.改良貨品。

2.擴大商品廣告。

3.迅速地分配貨品。

3.控制對方市場之方法：

故意以最低的價格（甚至比成本低）進入對方市場來壟斷的市場。

(1) 冒險性大

1.對方競爭者可以降價，造成惡性競爭，導致兩敗俱傷。

2.對方市場的政府可能禁止貨品進口，以抵制價格過低的貨品進口傾銷。

(2) 此種標價策略不夠理想，無論短期或長期，效果皆不好。

4.可達一定銷量之標價方法：

(1) 為了達到一定銷量，開始時可將利潤降低，使銷售量逐漸增長。

(2) 使貨價的起落富有彈性，它直接影響到貨品的銷售。

(3) 貨品銷售量增大時，生產及行銷費用相對地減少，便可達到有利可圖之目的。

5.以競爭者之價格決定標價之高低：

(1) 以競爭者之價格為準。

(2) 這種方法不適合只注品質的消費者。

(3) 此方法適合與政府部門之間的買賣。

（二）標定國際貨價的其他策略

1.出口貨品與本地貨品之標價：

(1) 出口貨品與本地貨品標價須偏高、偏低、或相同？

　　　1.出口貨品需要特別包裝及處理。

　　　2.需要整理，申辦出口證件（指商業及政府規定的文件）

　　　3.開信用狀以及向對方收賬時的費用。

（2）有些經費在本地市場買賣應支出，但出口時不必支出。

　　舉例：在本國的廣告及本地市場的調查。

　　　1.標定出口貨價應考慮和出口有直接關係的生產手續諸因素。

　　　2.外國市場如果生活程度低，出口價格應比當地的貨價低廉，
　　　　因此，出口公司須改良包裝及簡化生產程序，使成本降低，
　　　　以達貨低廉之目的。

　　　3.雖然已有低廉的出口價，但尚須考慮到貨品運輸到對方市場
　　　　的運費以及進口稅等。

2.有關國際貨價專有名詞之解釋：

（1）傾銷價格：

　　　1.貨品在外國市場比本國市場的價格便宜。

　　　2.工業國家經常取締傾銷價格的商品進口，而經濟落後的國家
　　　　則歡迎傾銷價格的貨品進口，除了同樣的工業受到進口貨威
　　　　脅的時候。

（2）邊際成本：

　　　1.從長遠的觀點來看，此方法可增加賺錢的機會。

　　　2.公司若能以此方法出口貨品，則說明本公司注重國際行銷。

　　　3.假如公司常有餘貨，便可用這方法銷售積壓的貨品；但是，
　　　　如果故意用邊際成本，便有虧本的危險。

3.轉讓價：轉讓價指在本公司之附屬公司的買賣。如生產部賣給行
　銷部，或由公司的某部直接賣給公司設在對方的分公司。

　　　1.由本公司的生產部賣給本公司的國際貿易部。

　　・以工廠的成本轉讓：此種方法對國際貿易部大有好處；此價
　　　乃最便宜之出產價，但缺點在於生產部門沒有利潤，積極性
　　　不高。

‧生產部按市價轉讓給貿易部，此方法對生產部有利，生產部會盡量支持國際貿易部。

‧以成本加利潤來轉讓——生產部與國際貿易部均有利可圖。

2.生產部轉讓至國際貿易部在外國的分公司。

‧美國公司常以低廉的轉讓價賣給設在稅率低的外國分公司。

‧美國海關常常注意調查美國公司以低廉的轉讓價賣給設在外國市場的分公司。

3.以對方市價來標定出口貨價：以對方市場之價格扣除所得利潤，以及進口稅、運費等項，便為出口價格。

4.當出口價格在國際市場失去競爭力時，應如何處理？

（1）取消出口，將精力集中在國內市場。

（2）以邊際價格標定出口貨價，原則上以公司過剩產品出售。

（3）縮短分銷之途徑。如直接將貨品售給代理商或大規模的零售商。

（4）改良貨品使成本降低以便加強競爭力，減少在對方市場的進口稅。

（5）以出口以外的其他方式進入對方市場；如國外生產，零件裝配、或合同生產。

5.出口的不同報價：

（1）F‧O‧B（Free on Board）：貨品本錢當出口商將貨品放置在交通工具上（如飛機、輪船、火車等），其責任已告完成。

（2）C‧I‧F‧（Cost. Insurance, and Freight）：外國的進口商，喜愛C‧I‧F‧的報價方式，因為比較容易標價。進口商的責任是貨品運抵本地港口時才開始的。報價包括成本、保險費及運至對方的運輸費。

（3）EX（Point of Origin）：在工廠或倉庫交貨（成本費而已）。

（4）F‧A‧S‧（Free Along Sideship）：成本加上運至運輸工具

旁邊之運費。

（5）C&F（Cost. & Freight）：成本加上運輸費。

6.出口信用及付款辦法：以下幾種方法乃是進口商可以逐漸獲利的常之方法。

（1）定金交易：出口商常常用此種方法做買賣，對方預先訂做特殊的貨品，不過，外國政府常常阻止本地進口商以定金方式交易。

（2）信用證：信用證分為不可撤銷之信用證及可以撤銷之信用證兩種。此種付款方式，均有銀行擔保，所以出口商有安全感。

（3）即期匯票：出口商以此方式將貨品售給對方的進口商，以即期匯票寄給對方簽名，期限在票面註明，雖然沒有銀行擔保，但付款期限由30到80天，有法律的保障。

（4）欠帳：欠帳要經過買主賣主雙方同意，沒有任何手續來指定付款方式，萬一進口商不付款，出口商便沒有法律的保障。

（5）信託：出口商將貨品寄存在進口商處，貨品出售之前，乃屬出口商所有。此方法冒險性極大，所以出口商常常限制以信託的方法和外國公司合作。

7.出口信用的管理方法：信用是行銷的一種策略，也是打開市場的鎖匙。

（1）FCIA：Foreign Credit Insurance Association（美國國外信用保險協用）

1.美國政府進出口銀行請私人保險公司和政府合作，組成一個大集團來擔保美國公司在外國的競爭優勢。FCIA於1961年組成。

2.短期的信用擔保有的長達180天，有一種保險是保因政治因素而造成的損失；還有一種是綜合性的保險，其範圍也包括因政治因素而造成的一切損失在內。如：禁止兌換貨幣；進

口執照被政府取消；政府將外國公司收歸國有；因戰爭緣故而導致生意失敗。

3. 保險貨品的期限由180天至五年，此種長期的保險，乃是信用之保險，其中包括綜合性保險及因政治擾亂而損失的保險。

（2）大多數的國家都有和國FCIA相類似的保險，出口商要查看對方進口商的信用狀況，可用下列四種方法。

1. Dun & Bradstreet：鄧與席雷斯契公司（世界最大的商業信用諮詢集團，總部設在紐約）。

2. 銀行：銀行可以從國外的分行或有關的銀行中替你調查進口信用狀況。

3. 書籍：美國貿易部出版了世界貿易商的情況報告，此報告經常提及進口商貨物來源，根據貨物來源，便可查出信用的狀況。

4. The Foreign Credit Interchange Bureau（FCIB）：美國最大的信用管理機構中的國際部。

5. FCIB國際部可供給許多公司的信用情況，也可以替本地公司向世界各地與其有關的公司收帳。

8. 實物交易：普通的公司不欣賞此種方法，但是為了打入某市場，不得不採之。按統計，以實物交易之方法僅佔交易總量的百分之二十。

（1）世界上許多國家常以實物交易來做國際貿易工作。如英國的福特汽車公司將汽車和南美洲的哥倫比亞交換咖啡、和挪威交換起重機，和芬蘭交換浴廁坐盆，和西班牙交換地瓜，和非洲的蘇丹交換棉花。

（2）許多公司因不懂得以實物交易，只好靠國際公司幫助以實物交換來銷售自己的貨品。如：

　　　1.Gillette刮鬍刀透過英國的分公司以實物交換之方式，將貨品
　　　　銷往東歐各地，佔總出口量的20%，且得來許多貨物。
　　　2.白兔皮、牛油、地毯、睡衣等貨品，該公司並非以貨換貨，
　　　　而是透過倫敦的實物交易公司達到此目的。
　（3）可以考慮以實物交易的兩種方法：
　　　第一種方法：產品過剩。
　　　第二種方法：國際支出出現逆差。如：
　　　1.Wilkinson Sword在蘇聯建一製造廠，但因蘇聯缺乏美元支
　　　　付，只好將產品抵還建廠的開支。
　　　2.Singer在波蘭建一製造廠，用Singer商標，因開支龐大，波蘭
　　　　政麻無力奉還，也只好以產品來清還所欠的債務。
9.轉手交易：
　（1）轉手貿易是一種複雜的國際貿易方法，採用此法者，蓋因無法
　　　兌換美元所勉強而爲之。
　（2）許多國家有雙邊貿易及付款協定。雙邊貿易常失平衡出現逆
　　　差，因而造成產品過剩，只好靠第三者銷售積貨。
　（3）共產國家常以此種方法來得到現款。
10.租賃交易在國際市場中的位地：
　（1）租賃方式常用於價格昂貴的設備上，帶有標價、貸款、行銷策
　　　略三種性質。此方法可使購物者買到昂貴的設備，然後分期付
　　　款，從而減輕負擔。
　（2）對於資本缺乏及難於貸款的市場，具有極大的吸引力。
　（3）租賃者在合同有效期限內，省卻許多機器維修的煩惱。
　（4）美國政府的出進口銀行，常常幫助美國的出進口商以此種方法
　　　將貨品銷售給外國的商人。

七、如何在國際市場上分配貨品？

（一）國際公司進入新市場後，原有的工作方法能否適應？

1.雖然賺錢的目標一致，但工作方法不能千篇一律。不過在某種特定的情況下，應用原來的工作方法，可以節省許多資金。
例如：一個工作效率高的國際貿易經理，如果他在世界各市場都用同一分配方法的話，便可檢討同樣的工作方法在不同的市場有否不同的效率。

2.一個國際行銷者，通常以為一種行銷方法便能通行全球，這只是一種旁觀看法，不可一概而論。

（二）決定貨品分配方案的重要因素

1.首先要了解對市場的分配機構情況（數量、大小、性質、代理或零售等商業活動），然後要了解對方市場的倉庫、交通條件以及人口密度，才有可能決定貨品分配的途徑。如：「百事可樂」在世界各地的分配方法一致，工廠將貨品交給司機，司機再將貨品銷給零售商，司機本身就是推銷員。

2.市場的性質，即消費者的收高低及購物的方式與習慣，此兩項乃是決定貨品分配方式的重要因素。

3.看競爭者的力量和行為：競爭者可能已有一套成功的，適應市場的分配方法，所以國際公司踏入新的市場之後，不得不跟著對方的腳步。如果競爭者發覺之後，採取阻止效仿的措施，只好別圖良策，另闢途徑。

4.國際公司在對方市場地位的穩固性：如果國際公司是利用進口商來銷售貨品，分配貨品的權力便控制在入口商手中，同樣地，貨品如以合同生產或合資方式進入對方市場，分配貨品的權力也將大大地受挫。

5.國際公司爲簡化手續，常以本地的分配方式應用到國際市場上，尤其是銷售工業品的時候。如Tupperware公司在1965年進入日本市場時，只以一種方法來推銷，即在家中由家庭主婦召集親友舉行派對，從中介紹產品的優點，此方法在日本大告成功，僅在二年之內，總售量每年達一千五百萬美元之多。雖然日本的經濟、文化和美國不同，但美國公司將此種推銷方法應用到日本去，在日本同樣獲得巨大的成功。

（三）國際公司如何選擇直接或間接的方法來分配貨品呢？

1.用直接的方法比間接的方法較好。比如：有某大公司欲購買時，如果能直接將貨品賣給它，便可省卻經過代理商的種種麻煩。

2.如果國際市場小，而且地處偏僻，用間接的方法比較好。

如：印度有一世界出名的「有利麗美」公司以及其他的消費品製造公司，常常通過經紀人間接地將貨品售給零售商。

又如：意大利的「Procter ad Gamble」公司依靠廣告，用同樣的方式銷售貨品。

再如：日本的分配方式常常比印度及意大利更加間接。

3.某些國際公司盡量以直接的方法來分配貨品，他們深信，只有用直接的方法，才能在市場上確立強有力的地位。

舉例：

（1）「Good Year」在歐洲設有屬於本公司的特許權的代理公司，此方法和在美國所用的方式完全相同。

（2）「Massey--Ferguson」行銷部副總經理曾經說過：「什麼公司先在歐洲設立批發零售商店，便會永遠控制該市場。」所以，「Singer」有自己的批發零售商店。有自己的商店，便是成功的秘訣。

（3）IBM常常直接找買主來買大機器，當他們開始賣小儀器
（如影印機和電腦），他們發現了用直接方式和小規模公司
做買賣，成本高利潤小。IBM在美國有自己的零售商店，
早期，在歐洲和阿根廷有自己的零售商店，這些商店成功
地證明了直接行銷的好處很大，所以IBM便在美國設立自
己的零售商店。

（4）在日本，「Erina Company」公司繞過慣例，而用直接方
法來銷售女性內衣，組織了廿萬名推銷員，其中99%是家
庭婦女，此分銷方法比舊的方法好，所以Erina褲襪價格比
原來的價格便宜一半，而且銷售量佔了對方市場的六分之
一。

（四）如何應用選擇性與非選擇性的貨品分配方法？

1.選擇性分配指對於批發商及零售商有一定的選擇；非選擇性分
配指貨品可以銷售給任何零售商。選擇性分配的好處是給批發
商和零售商有囤積貨品的機會，以致這些批發商和零售商平時
所花費的精力、對顧客的服務、廣告等方面的消耗，能得一定
的補償。

2.國際公司在外國的工廠，常常委派當地的批發商全權分銷貨
品，但是，當地批發商將貨品銷售給零售商時，零售商已喪失
了專利權，這時只有通過非選擇性的方法來達到分銷的目的。
再說，要在許許多多的零售商當中去選擇優秀者，也是一件困
難的事。

3.在一個家庭收入不平衡的國家中，國際公司可能以選擇方式推
銷貨品，尤其是耐用的商品或工業品，在小市場上，更要應用
選擇性的分配。

4.有些國家，政府已開始管制公司的分配制度。如：

（1）挪威「Outboard Marine」公司採用選擇性分配制度來推銷貨品，便遭到法庭的反對，並受到阻力。法庭採取行動來減少「Outboard Engines」的競爭力。

（2）比利時G.M.公司抵制本公司所屬的批發公司以外的公司進口G.M的車，歐洲共同體審查會控告G.M.的批發商檢驗費比他人的昂貴，罰款十二萬美元，以懲罰G.M.排斥其他公司的做法，從而確保比利時本國批發公司的利益。

（五）如何有效地管理分配機構？

大多數的工廠都想盡方法來鼓勵分配機構和他們合作。

1.工廠儘量地給批發公司來鼓勵分配機構和他們合作。所給的利潤比競的對手所得的利潤還要高。

2.區域性的專權代理。

3.國際公司要想在當地找出一個好的代理人，必須要有好的條，如果沒有好的條件，便不能得到強有力的合作。

例如：有些商標需要大力廣告，有些商標無須再多花廣告費。Philies, Unilever, I BN, Westinglouse等商標已名揚四海，代理商樂意合作；印尼有一個行銷大問題，即政府只規定印尼人才可以做貿易的生意，因此，國際公司乃需大力訓練當地的代理商。

4.大力支持廣告：國際公司比當地公司較有雄厚的廣告資金和廣告技術，所以國際公司只要為當地公司提供方便，便可以得到對方市場合作。

5.貸款給當地的代理商：國際公司在資金方面通常佔了優勢，所以國際公司若能貸款給當地的代理商，便會取得很好的合作。

6.訓練行銷及服務人員：有的國際公司設立訓練中心，訓練當地的批發商和鄰近國家的行銷人員。比如：福特汽車公司（國際拖拉機部門）為了訓練拉丁美洲的代理商，舉行了多種的訓練

班，包括修理、保護及應用等項目。再如：某一汽車公司，租用一架飛機以供訓練之用。機艙內有教室，空中教學一行程須停十八個城市，到中南美洲去，每次逗留四天，共有六個訓練員，以西班牙文教學，包括技術、產品了解、買賣的方法及管理等四種訓練，代理商經常派遣行銷人員及技術人員參加訓練。

7. 國際公司主持市場調查，再將資料供給與當地有關的公司，並設立行銷事務詢問處。

8. 新產品通常以進口方式進入新市場，為了打開市場，便利批發商，國際公司常在當地開設工廠，並對送貨及其他服務提供方便。長途運輸、海關的阻止、設立倉庫以及通訊等問題也就迎刃而解。

9. 個人宣傳式：國際公司以此方式和批發或零售商保持聯給，並傳授了行銷經驗。

（六）如何使公司的分配策略永不落伍？

管理者要有先見之明，公司各種計劃，要適合環境的變遷。

1. 貨品增加會促進國際公司與當地市場關係密切，因而推銷數量隨著增加，從而促進生產新的產品。

　例如：Union Carbie公司在菲律通過一位批發商銷售它的產品，當公司開始擴張它在菲律賓的市場時順便建造起一座新的電池廠，因而需要一個強大有力的行銷部，於是Union Carbide公司就找出四千位甲等的零售代理商，也把貨品推銷給乙等丙等的零售商。

2. 目前世界市場上，尤其是歐洲市場有規模龐大的零售商組織，所以工廠可以直接將貨品售給他們，不必經過批發商的過程。

　（1）大的零售組織與郵購公司均需要名牌貨品。

（2）因為大規模的零售組織銷量大，直接影響到公司的標價原則，所以和零售機構做買賣時，要考慮到採用直接或是間接的問題。

　例如：德國有很強的批發組織，如果沒有經過該組織的允許，外國公司很難打入德國市場。美國公司便經常受到困擾，無法打入德國市場。

3.由於科學在不斷進步，所以，在歐洲和日本，冷凍設備成為國際行銷中不可缺少的項目。無論在倉庫、貨車上或是零售商店，均需要冷凍設備才行。「Unilever」公司及時發現了許多零售商欠資本添置冷凍設備，便貸款給零售商，「Unilever」產品頓時大增。

4.區域性的行銷策略：目前世界性市場已演變成以區域性的貿易為主，所以國際貿易公司也應以區域性組織為宜，許多國際公司在歐洲、拉丁美洲、北美洲等地區設有專銷部門。

八、如何做好國際性的商品廣告？

（一）決定國際行銷的廣告策略：（附圖）

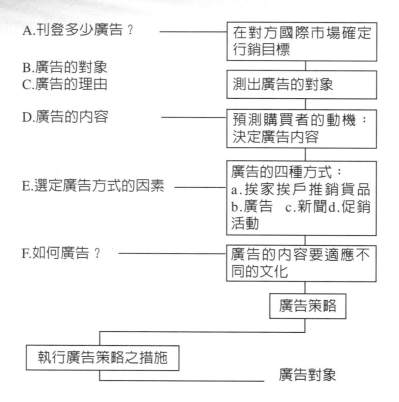

A.刊登多少廣告？ —— 在對方國際市場確定行銷目標

B.廣告的對象
C.廣告的理由 —— 測出廣告的對象

D.廣告的內容 —— 預測購買者的動機：決定廣告內容

E.選定廣告方式的因素 —— 廣告的四種方式：
a.挨家挨戶推銷貨品
b.廣告　c.新聞d.促銷活動

F.如何廣告？ —— 廣告的內容要適應不同的文化

廣告策略

執行廣告策略之措施 —— 廣告對象

（二）貨品標明產地對國際行銷的影響：

1.歐洲製造與美國製造的比較：

（1）西歐的消費者總以為西歐的產品比外地好。

（2）歐洲人認為美國產品合乎潮流，但質量比德國差。

2.日本產品與美國產品的比較：

（1）日本人認為美國貨只重外觀，不求品質，薄利多銷，偏重於年青人。

（2）日本人認為本國貨品品質優良，價格便宜，廣告多，樣色全。

（3）美國消費者認為日本貨雖然便宜，但便宜貨不稀奇；他們認為日本貨只注重外觀，不切合實用。

3.美國人對德、英、法等國貨品的看法：

美國人對德、英兩國的貨品懷有好感，對法國貨印象不好。

4.日本人對於德、英、法等國貨品的看法：

　日本人對德、法兩國的貨品懷有好感，對英國貨印象不好。

5. 日本人對於美、日、好、西德及英國產品的看法：

（1）1967年日本商人覺得美國貨比日、法兩國好，但比西德和英國差。

（2）1975年日本商人評定美國貨與法國貨最差。

6.有關技術進步的國家：世界公認西德技術居第一。

　關於世界貨品分配的範圍和技術：日本佔優勢。

7.結論：

（1）由貨品的產地所引起的反應，可以影響到某一國際公司的廣告行銷策略。

（2）明白了貨品的產地所引起的反應，便可以避免國際行銷經理對某國貨品的錯誤判斷。工業國家總以為自己的產品比外國好得多。

（三）廣告策略：

1.廣告的數量：

（1）日用品比工業品需要更多的廣告，因為消費者分佈在世界各個角落。

（2）日用品商常常以廣告的心理戰術來獲取消費者的信任，工業品只需將貨品的特色、用途及價格公佈，無須加強廣告，自有顧客上門。

（3）貨品如果適合某市場的需要，便無需大量廣告。

（4）如果覺得某貨品在某市場大有前途，便要大力廣告；反之，廣告將隨著減少。

（5）介紹新的貨品時，需要大力廣告。

（6）如果競爭對手大力廣告，本公司當大力廣告，競一雌雄。

（7）進入對方市場的方式，對廣告有著決定性的因素：

A.設立行銷分公司——需要大力廣告。

B.選擇多國代理商——廣告與否，乃是代理商的責任。

（8）國際公司在國際市場比在國內市場需要更大的廣告，據美國工業公司最近的調查顯示：

A.十分之一的公司以低於國際行銷收入的百分之一作為廣告費用，它們只選擇在報紙及雜誌上廣告而已：

B.有十分之三的公司，廣告費低於本地行銷收入的百分之一。

2.廣告的對象：

（1）本公司的行銷系統，包括代理商、批發商以及零售商。

（2）直接向消費者廣告。

（3）包括第一和第二種情況。

（4）社會大眾。

3.廣告的理由：

（1）介紹新產品。

（2）促進好的商標觀念。

（3）為了支持分銷系統或吸引新的分銷系統。

（4）促進本公司的貨品銷售量。

（5）與競爭者較量。

（6）給消費者對本公司及貨品留下深刻印象。

4.廣告的內容：

（1）必須抓住的廣告的主題和對象。

（2）廣告的內容要具有充分的吸引力。

（3）如何確定廣告的內容。

A.先進定廣告屬地方性或國際性：人類處於不同的國家，就有不同的慾望，所以廣告的內容要適合地方性。當地的分公司及廣告公司比較注意當地的情況，國際公司及國際廣告公司則偏向國際性的廣告。

B.在什麼情況下可以用同樣的廣告內容？

  a.國際公司有意讓全世界對它有統一的認識。如：可口可樂公司乃用國際性的廣告，因為它認為世界各地對它的汽水都有同樣的需求。又如ESSO汽油公司以一隻老虎放在油管內為內容，然後譯成各國不同的文字來達到國際性廣告的目的。

  b.消費者雖在不同的國家，但購物的目的一樣，所以可以用同樣的廣告居多。例如General Electric對其工業品均用同樣的廣告內容進行國際性的廣告。

  c.語言：

    ．英文：一種國際性的廣告，通常是採用一種國際性的語言。英文是一種國際性的語言，按照Eric Webster的話來說，世界上有二億五百萬人（佔全世界人口的十分之一）以英文為主要語言，有六億（四分之一人口）人口，能以英文聯絡，全世界的信件超過70%以英文書寫；54%的世界性商業社會以英文為重要語言，加上25%以英文為第二種商業語言，如此，在全世界的商人之中，只有百分之一不懂得英文而已。

    ．德文：應用德文的地區，包括澳大利亞大部分、瑞士、德國。

    ．法文：應用法文的地區，包括比利時、瑞士、盧森堡、摩洛哥、法國以及前屬法國殖民地。

    ．西班牙文：應用西班牙文，包括大部份的中南美洲。

  d.現在，有愈來愈多的國家以圖案製作廣告，無需文字翻譯，歐洲有許多國家只用圖案來激發消費者的感情，同時宣傳公司的名字。

無形的國際市場：在不同的國家裡，存有相同的市場，如少年市場，嬰兒市場等。

e.行銷策略與地區性的路線：

歐洲共同體市場，造成了歐洲統一的消費觀念。

‧美國的行銷者，把美國人置於統一的消費觀念之中。

‧跨國的工業行銷者，如Bayar, IBM Sulzer等公司，對於工業國家和比較落後的農業國，均有一套適合的廣告，分頭進行。

5.確定廣告方式之因素：

（1）個人方式：挨家挨戶地推銷貨品。

（2）大眾方式：廣告及新聞。

（3）綜合方式：促進推銷活動。

（1）挨家挨戶地推銷貨品

A.有些國家限制大眾化的廣告，或缺乏大眾化廣告之工具，如無線電、電視，或者由於勞工工資低廉，所以採用個人方式廣告。

B.國際公司如果委任當地的代理商或批發商，挨家挨戶地推銷產品，乃由當地的代理商和批發商負責。

C.當國際公司在對方市場設立行銷分公司時，或國際公司的高級職員喜愛單獨和消費者面對面直接往來時，便採用挨家挨戶推銷貨品的方式。

（2）廣告：

A.是對大眾宣傳，推銷貨品的重要方法之一。

B.任何付錢以向大眾宣傳推銷貨品的措施，均稱為廣告。

C.廣告的工具：直接郵寄廣告、雜誌廣告、電影廣告、貿易特刊廣告、報紙廣告、電視廣告、無線電廣告、招牌廣告。

D.行銷經理判斷廣告效力的依據：廣告範圍之大小、聽眾反應

之強弱、聽眾選擇的趨勢、廣告費用的高低

E.選擇廣告方式應注意的事項：

．一個好的廣告方式，是多、快、好、省地將信息傳達給對方市場。

．消費者的購物權，不同的國家有不同的情形。

．因爲文化、習慣不一樣，每個國家的家庭購買日用品，工程師或總經理購買工業品，其購買的動機也就不一樣。

【例一】報紙廣告，在巴西佔全國廣告量20%，在瑞典則佔77%。

【例二】電視廣告，在巴西佔全國廣告量56%，在瑞典卻爲零。

．此情況的產生，乃因瑞典政府禁止電視和無線電廣告所致，從而造成報業廣告居主要地位。

．由於巴西文盲居多，所以有三分之二的廣告落在以電視和無線電爲主的非文字性的廣告。

【例三】同一種廣告內容，同時以多種廣告方式進行。如在秘魯，橙汁公司（Orange Crush）用報紙、電視、電影院、無線電等廣告工具，並且利用售貨地點以及在首都以外的地區，用招牌進行大廣告。市場的招牌廣告稅收低廉。反之，如果在市外採用電影院廣告，效率則顯得微弱。

F.切實掌握廣告對象的資料：

如果沒有掌握好廣告對象的資料，便很難選擇好的廣告方式。

【例一】有些國家文盲多，所以電視觀眾比美國加倍。

【例二】在一些落後的國家裏，識字的人會給文盲的鄰居讀報。

【例三】在科學進步的國家裏，一份雜誌可能經過多人傳閱，法國有一百五十萬戶的雜誌訂戶，據統計，擁有八百三十萬的讀者。

G.國際性廣告方法與本地性廣告方法的選擇：

a.國際性的宣傳媒介：

‧美國的「讀者文摘」及「時代」雜誌發行全球；巴黎的「Paris Match」和「Vision」雜誌，暢銷歐洲和拉丁美洲。

‧美國的「財星」FORTUNE和「商業週刊」BUSINESS WEEK本來只在美國發行，如今已增設國際版；歐洲也出現了許多的國際性雜誌。

‧美國「The Wall Street Journal」雜誌有一特別的廣告項目，「Street Journal」代辦手續。

‧收音機：無線電在國際廣告中所佔的地位比文字廣告小，但是，在西歐，商業無線電卻佔有相當重要的地位，至少有四個佈滿全歐的電台。例如：「Radio Luxembourg」電台有三個波段的廣告節目，以五種語言進行廣播，商業性的無線電廣告，深入到文盲的市場內。

‧電視：許多國家對電視廣告加以限制，政府控制電視商業廣告的性質和廣播時間。如：北歐諸國、比利時、沙地阿拉伯等國，基本上沒有電視廣告。可是，由於現代科學的進步，此地區的民眾同樣可以通過人造衛星的通訊系統，由外國的電視台節目收看到商業廣告。

‧雜誌：（省略）

b.本地宣傳媒介：

‧本地的宣傳媒介所發生的廣告要比國際性宣傳媒介來得

多，除了電影、招牌、和報紙、雜誌直接郵寄以外，還可以利用電台、電視作廣告。

‧地方性的廣告可用方言向特定的市場作特殊的廣告。

‧本地的廣告對本地市場較為了解，廣告效率特別高。

（3）促進推銷活動：

A.廣告活動，除了挨家挨戶推銷貨品、登廣告、刊新聞之外，還有促進推銷活動這一重要環節。促進推銷活動，包括以下幾種活動：

‧展覽

‧比賽

‧貨品陳列

‧示範

‧樣品

‧贈送品

‧講座會

‧減價

‧鼓勵（書信、目錄、電影、特別包裝等）

B.許多促進推銷活動，乃是為了支持公司的推銷員以及在外國的代理商而進而行的。

C.商業展覽：這種廣告方式，在國際市場上的應用比在國內市場上的應用，顯得更具重要性。國際展覽會是一種特殊的市場，是買主與賣主直接交易的地方，展覽會具有挨家挨戶推銷貨品與刊登廣告兩方面的優越性。

a.綜合性的商業展覽：此種大型的展覽會，包括不同類型的廠家在內，比如西德的「Hanover」國際展覽會，通常有五十萬買主參加，其中有五萬名來自世界各國。

b.特殊的展覽會：此種展覽會，僅僅展覽一種特別的工業

品。如西德的「Co logne Photokina」國際攝影展覽會，只展覽攝影作品而已。全世界有一百多個城市主持過商業展覽會，這些展覽會所展出的各種工業品，來自世界所有的工業部門。

　　c.利用展覽會進行廣告的好處：

　　‧本公司可以將名譽與產品很快地傳揚出去，消費者也能藉此機會提供很好的意見。

　　‧國際公司可以藉著展覽會深入了解競爭者的產品。

　　‧展覽會的參觀者，有可能成為本公司的代理商。

　　‧國際公司可以在短期內與消費者面對面交談。

　　‧總之，國際展覽會，兼做了挨家挨戶推銷產品和刊登廣告等方面的好處。

（4）新聞：

　　A.新聞是向大眾宣傳的重要工具。

　　B.新聞是將公司及其產品的重要商業消息以免費的形式向大眾宣佈，此種新聞有時比廣告更能打動人。

　　C.國際公司若以出口或合同生產進行國際行銷，便很少使用新聞方式來宣傳貨品；如果以投資方式或合同生產方式進行國際行銷，便常常以新聞形式進行宣傳。比如：在新市場建立新工廠時，特別邀請政府官員及新聞記者觀禮，然後以新聞報導把消息傳播出來。

結論：

　　A.以上所述四種廣告方式，各有千秋，不過，挨家挨戶推銷貨品乃是最古老又最有效的辦法，因為經過見面，購買率比較高，只是費用（旅費等）及時間的花費較大。

　　B.反之，廣告比較便宜，只是購買率比挨家挨戶推銷貨品來得低。

C.最有效的辦法是採用綜合性的廣告，取長補短，提高效率。

6.怎樣廣告？

（1）充分地了解對方市場消費者的心理，盡量地適應消費者的需要，乃是廣告成功與否的關鍵。

（2）國際廣告失敗的原因：

A.廣告的信息沒有傳到廣告對象的耳目之中，所用的廣告方式及工具不適合當地的情況。

B.廣告的信息，對方雖已接收，但模糊不清，也許是信息不清楚或是文化不同的緣故。

C.廣告的信息雖然傳到消費者的耳目中，而且廣告的內容也十分清楚，但是，由於廣告威力不足或視聽者購買能力微弱，所以無法改變消費者的生活習慣。

結論：要使廣告衝破種種障礙，發揮巨大的威力，務必選擇妥當的廣告方式及工具，才能事半功倍，大功告成。

21世紀企業行銷實戰策略

行銷定位即是針對潛在顧客心理的一套「抓心策略」，如何將商品定位於潛在顧客的心目中，最主要的方法就是先定位消費者的心理，也就是「消費者心理的定位」。

行銷定位的創新理念

行銷定位（Market Positioning）的理念，來自消費者心理的定位。廣告大師歐吉沛（David Ogilvy）認為，任何一個廣告作品都是一項品牌印象的長期投資。由於一個廣告作品都是一項品牌印象的

長期投資。由於每家公司都試圖建立他自己的特殊商譽,而導致「一窩峰」的做法,最後反倒沒有幾家公司能成功地行銷商品。

以往的行銷、廣告策略,過分強調發掘商品本身的特點與建立企業的形象;而今日的行銷定位,則是要找出競爭者的優點與缺點,或市場上任何有利之切入機會,而善加利用,方能擴張市場,爭取市場佔有率,進而控制市場並鞏固舊有的市場利基。

行銷定位就是要第一個抓住,「在疲勞轟炸的廣告訊息與市場情報中被注意到」的行銷技術,它著重商品觀念與行銷技術的突破,重視涉及影響他人心智的策略,簡單明瞭。因此,行銷定位可歸納以下幾種思考模式:

- 目前市場上,本公司商品的定位　由市場實際狀況尋求在目標市場的角色與功能
- 行銷人員想要怎樣定位　行銷定位的市場扮演角色,分為領導者、挑戰者、追隨者與利基者。

行銷定位的實戰步驟

行銷定位策略的活化術,主要在尋求市場空隙,然後鑽進去填滿,亦即找出市場切入的「別有洞天」與滲透策略。茲將行銷定位的實戰步驟分述如下:

步驟一:消費者如何定位本公司產品或服務

分析市場競爭態勢,並透過行銷研究與市場調查,以研判市場中的顧客到底在想什麼?需要什麼?有一支很流行的歌曲:「我很醜,可是我很溫柔。」其在消費者心目中的定位,是趙傳唱紅的流

行歌曲,而不是其他歌者所演唱的,這就是行銷定位的妙招。

步驟二:本公司希望產品或服務有什麼特殊的定位

在瞭解目前所處的競爭態勢中,可依據行銷研究所蒐集到的資訊加以研判,並依照目標市場的顧客層或目標消費者、產品差異點以競爭者的市場定位等三大要素,擬訂出最適合自己,並能長期從事作戰的有利位置。

步驟三:如何成功地掌握最適合自己的市場利基

其主要的定位心法是:
■ 別人不做的,我做。
■ 別人沒有的,我有。
■ 別人做不到的,我做得到。

步驟四:是否有相當的財力,攻佔並控制所定位的優勢

制定行銷定位策略最大的錯誤,即是去嘗試根本無法達到的目標。所謂「有多少錢,做多少事」就是這個道理。

步驟五:對於所定位的市場位子,能長久落實嗎?

定位是消費者對產品印象與認知的長期累積。因此,一旦定位確立了,除非市場發生極大的變化,定位必須隨之改變,否則,便應持續不斷地全力以赴。不然,定位便無法徹底落實,顧客也會產生混淆與搖擺不定。

步驟六：廣告誠意是否與定位相吻合

　　廣告是行銷策略的具體表現，定位則是廣告訴求背後的意識型態。例如白領階級的定位與藝術家的定位即截然不同。因此，廣告創意與定位策略必須相結合，方能發揮行銷定位真正的效果。

行銷定位策略之內涵

　　行銷定位策略，可涵蓋產品定位策略與市場定位策略兩大實戰策略。茲將產品定位策略與市場定位策略分別詳述如下：

產品定位策略

　　公司在從事市場區隔時，必須為其發展訂定一套產品定位策略。要使一種競爭性產品在市場區隔中，都佔有一定的地位，則每種產品定位的消費者知覺皆非常重要。所謂產品定位，係指公司為建立適合消費者心目中特定地位的產品，所採行產品企劃及行銷組合之活動。產品定位的創新理念可歸納為以下三項：

■ 產品在目標市場上的利基如何？
■ 產品在行銷策略中的利潤如何？
■ 產品在競爭策略中的優勢如何？

　　「產品定位」這個字眼是1972年由Al Ries 與Jack Trout 兩人的鼓吹下日漸普及，在廣告年代（Advertising Age）雜誌之一系列的文章中，稱為《The Positioning New Era》（定位新紀元）。後來，他們又合寫一本著名行銷學著作《Positioning The Battle for your Mind》。Ries 與Trout 視產品定位為現存產品的一種創造性活動。以下即是其

定義：

> 定位首創於產品。一件商品、一項服務、一家公司、一家機
> 構，甚至是個人……皆可加以定位。然而，定位並不是指產品本
> 身，而是指產品在潛在消費者心目中的印象，亦即產品在消費者
> 心目中的地位。

產品定位可能利用產品品牌、價格與包裝上的改變，這些都是外表的改變，目的乃在鞏固該產品在消費者心目中有價值的地位。因此，消費者對於心理的定位（Psychological Positioning）與現有產品的再定位，比對潛在產品定位更感興趣。對於再定位而言，一開始行銷人員就必須發展出行銷組合策略（Marketing Mix 4ps Strategies），以使該產品特性能確實吸引既定的目標市場。產品定位人員對於產品本身及產品印象同樣興趣。

Ries 與Trout在心理定位方面，提供一些明智的建言。首先由觀察哪些包含似產品，但卻無法在消費者心中得到任何別的市場著手。然而，在一個「訊息充斥」的社會中，行銷人員的工作是在建立產品的個性。其主要的論點是：消費者根據心目中一個或多個層面來評估產品。因此，當消費者考慮哪家汽車出租商提供最多的汽車與服務時，其所評價的優先順序為Hertz、Avis和National。因此，行銷人員的任務是依據某些顯著的購買層面，使產品在消費者的心目中列為第一優先。此乃因為消費者總是記得最好的哪一個。例如，每個人都知道林白（Lindbergh）是第一個飛越大西洋的人，哥倫布是第一個發現美洲的人，幾乎無人知道誰第二個。而且，消費者也較喜歡購買最好的那一個。

產品定位第一要素就是馬上填滿消費者的心，使消費者因心中已有所屬而不再接受其他的產品。

若市場已存有一個強而有力的品牌時，則可採用市場挑戰者策

略（Market Challenger Strategies），其主要的市場作戰策略為以下二種：

■ 劣勢策略（Weakness Strategy） 即自稱：「我們的產品與市場領導者一好或將會比它更好。」例如租車業艾維斯Avis在其卓越的商戰中，謙稱「我們是第二者，雖然屈居第二位，但將試圖更加努力，以迎頭趕上。」（We are No.2 but will be No.1 someday）

■ 滲透策略（Digging Strategy） 亦即找尋市場空隙並去發現另一個市場層面，據此可與市場領導者的品牌區分清楚，不需要做正面競爭。亦即行銷研究人員在消費者的心目中，尋找一個未被其他品牌所佔據的市場空間（Market Space）或市場空隙（Market Gap）。

因此，在可樂市場的競爭態勢中，七喜汽水（Seven-Up）的廣告訴求定位為「非可樂（The Uncola）」，意思是它是汽水的碳酸飲料，而不是可樂飲料，避開與可樂市場的大哥大——可口可樂與百事可樂做正面競爭「定想到七喜汽水。這是產品定位最佳的策略。

行銷定位的活動，並不是在產品本身，而是在顧客心裏，亦即產品定位要「定」在顧客心裏。因此，「產品定位」並不意味著「固定」於一種位置而不會改變。

然而，改變是表現在產品的名稱、價格與包裝上，而不是在產品本身。基本上這是一種表面的有形改變，目的是希望在顧客的心目中，佔據有利的「情有獨鍾」之地位。

因此，行銷定位的法則可歸納為下列各項：

■ 在行銷廣告中一再強調產品是「最好的」或「第一的」，並不能改變人們心中根深蒂固的印象，非得有出奇致勝的突破策略方能奏效。

■ 定位的法則乃強調「產品在顧客心中是什麼」，而不是「產品

是什麼」。也就是從顧客的眼光與需要來看待產品，而不是從生產與行銷者的角度來判斷。

■ 最好的定位策略就是搶先攻下顧客心中的深處，穩坐第一品牌，追隨者通常都是無法後來居上的。

■ 要找到市場上的「利基」（Niche）與生存空間。有時候產品「不是什麼」反而比產品「是什麼」更為重要。產品「不怎麼第一」反而比「多麼好，多麼第一」來得有效。前面提到的七喜汽水（Seven Up）就完全否定了在市場上「標榜可樂產品」的可口可樂及百事可樂之優勢，搶盡軟性碳酸飲料的市場風采。

以下即是產品定位必須思考的三項大事：

■ 哪種顧客會來買這個產品？
其目的在確定目標消費者或目標顧客層。

■ 這些顧客為什麼要來買這個產品？
其目的在確定產品的差異性。

■ 目標消費者會以這個產品替代何種產品？
其目的在確定誰是市場競爭者。

市場定位策略

所謂市場定位即是在目標市場上找出市場空隙，然後鑽進去填滿，並尋出有利的市場優勢，以籃球卡位的方式，預先搶佔自己有利的位置及卡死競爭者在市場上的位置，使得競爭者在市場競爭中因無法發揮優勢爭面，只能屈於劣勢。

市場定位的創新理念可歸納為以下三項：

■ 消費者如何看市場上的產品？
■ 競爭者如何看市場上的產品？

■ 目標市場如何感覺產品？

綜觀以上所述，在市場定位的演練中，必須要具備有效的定位策略，方能運籌帷幄，決勝千里。因此，市場定位的有效策略可針對目標市場的滲透，作一整體的思考。

茲將市場定位的有效策略分述如下：

■ 產品大小的市場空間。

■ 高價格的市場空間。

■ 低價格的市場空間。

■ 性別的市場空間

■ 產品功能的市場空間

■ 包裝的的市場空間

■ 顏色的市場空間

■ 品牌的市場空間

■ 服務的市場空間

■ 通路的市場空間

■ 產品生命週期的市場空間（借地重生、借時重生、產品的第二春或撤退市場）。

■ 產品口味的市場空間

■ 產品用途的市場空間

■ 顧客生活型態的市場空間

■ 產品效用的市場空間

■ 產品獨特利基的市場空間

■ 再定位的市場空間

■ 否定市場競爭態勢的市場空間

■ 創造新市場競爭態勢的市場空間

■ 產品差異化的市場空間

在市場定位中，由市場對新產品產生的反應，行銷人員便能發

現該公司的產品定位是否有效。早日獲得市場的認可是成功的關鍵，一旦佳評如潮，產品就能在市場上取得衝力與作戰力，造成良性循環，成功便隨之而來，而產品便擁有積極的正面形象。相反地，假如產品被市場冠上一項「失敗者」的帽子標誌時，要想復元就倍加吃力了。

市場定位是由顧客對市場的認知而決定的。顧客一旦對產品有了先入為主的印象，任何人也無法改變他們的決定。然而，行銷人員卻可以去影響市場定位的過程。只要瞭解市場的運作，行銷人員便可以設法影響顧客對產品的認知，創造更強烈的產品形象，採取適當的步驟使公司與產品在顧客心目中更加值得信賴。

顧客信任的程度是整個市場定位的關鍵。市場上充滿這麼多的新產品與新科技，顧客不但不知道哪家廠商值得相信與信賴，甚至對於這些新產品所牽涉的種種科技也不瞭解。因此，顧客會感到疑盧與恐懼。在變化迅速的市場中，行銷人必須找出平息顧客疑懼與對抗競爭者的策略，才能建立市場定位。以「安心」沖淡「恐懼」，以「穩定」對抗「不確定」以「不確定」，以「信心」抵銷「疑慮」，並建立可信度、領先地位和品質的服務形象。除了第一流的產品之外，還要為顧客提供一帖「安心靈藥」，使顧客對公司的產品與市場定位安心。

建立信賴度是一項緩慢而艱難的工作，不過只要努力不懈，一定能成功。以下即為行銷人員如何建立信賴度，藉以建立產品的市場定位。這個策略可分為以下五要素：

- 利用口碑與耳語運動（Whisper Campaign）。
- 發展產品的人際關係與品牌知名度。
- 企劃策略性公共關係，並積極推動。
- 找對名人推薦與行銷策略顧問協助。
- 與媒體、新聞界來往。

參考文獻

英文部份

1.GLOBAL MANAGER By Michael Moynihan McGraw-Hill, Inc., 2004。

2.MARKETING MYTHS THAT ARE KILLING BUSINESS By Kevin J. Clancy & Robert S. Shulman, McGraw-Hill, Inc., 2004。

3.BUSINESS IN A CHANGING WORLD Ｂy Bill Cunnigbam、Ray Alday & Stan Block , South-Western Publishing Co., 2004。

4.INTERNATIONAL MARKETING （PLANNING AND PRACTICE） By A. Coskun Samli、Richard Still & John S. Hill, Macmillan Publishing Co., 2004.

5.THE PORTABLE MBA STRATEGY By Liam Fahey & Robert M. Randall, John Wiley & Sons, Inc., 2004。

日文部分

1.《實戰管理者能力》

2.《企劃書100事例集》高橋憲行，才 出版社，1994。

中文部分

1.《行銷大台灣》，許長田著，2003。

2.《國際行銷管理》，環球經濟出版社，2003。

3.許長田教授之教學講義、投影片與電腦磁片資料。

4.許長田教授指導台灣企業界國際行銷實戰個案。

5.許長田教授指導中國生產力中心、經濟部中小企業處國際行銷講座
之上課講義。

國 際 行 銷

作　　　者／許長田　博士
出　版　者／弘智文化事業有限公司
登　記　證／局版台業字第 6263 號
地　　　址／台北市大同區民權西路 118 巷 15 弄 3 號 7 樓
電　　　話／（02）2557-5685・0936252817・0921121621
傳　　　真／（02）2557-5383
發　行　人／邱一文
書店經銷／旭昇圖書有限公司
地　　　址／台北縣中和市中山路 2 段 352 號 2 樓
電　　　話／（02）22451480
傳　　　真／（02）22451479
製　　　版／信利印製有限公司
版　　　次／2004 年 9 月初版一刷
定　　　價／580 元（精裝）

ISBN 957-0453-94-X（精裝）

國家圖書館出版品預行編目資料

國際行銷 ： 理論與實務 / 許長田著. -- 初版
-- 臺北市 ： 弘智文化，2004[民 93]
面 ； 公分

ISBN 957-0453-94-X(精裝)

1. 市場學

496   92016315

弘智文化價目表

書名	定價		書名	定價
社會心理學（第三版）	700		生涯規劃：掙脫人生的三大桎梏	250
教學心理學	600		心靈塑身	200
生涯諮商理論與實務	658		享受退休	150
健康心理學	500		婚姻的轉捩點	150
金錢心理學	500		協助過動兒	150
平衡演出	500		經營第二春	120
追求未來與過去	550		積極人生十撇步	120
夢想的殿堂	400		賭徒的救生圈	150
心理學：適應環境的心靈	700			
兒童發展	出版中		生產與作業管理（精簡版）	600
為孩子做正確的決定	300		生產與作業管理（上）	500
認知心理學	出版中		生產與作業管理（下）	600
醫護心理學	出版中		管理概論：全面品質管理取向	650
老化與心理健康	390		組織行為管理學	800
身體意象	250		國際財務管理	650
人際關係	250		新金融工具	出版中
照護年老的雙親	200		新白領階級	350
諮商概論	600		如何創造影響力	350
兒童遊戲治療法	500		財務管理	出版中
認知治療法概論	500		財務資產評價的數量方法一百問	290
家族治療法概論	出版中		策略管理	390
伴侶治療法概論	出版中		策略管理個案集	390
教師的諮商技巧	200		服務管理	400
醫師的諮商技巧	出版中		全球化與企業實務	出版中
社工實務的諮商技巧	200		國際管理	700
安寧照護的諮商技巧	200		策略性人力資源管理	出版中
			人力資源策略	390

書名	定價		書名	定價
管理品質與人力資源	290		全球化	300
行動學習法	350		五種身體	250
全球的金融市場	500		認識迪士尼	320
公司治理	350		社會的麥當勞化	350
人因工程的應用	出版中		網際網路與社會	320
策略性行銷（行銷策略）	400		立法者與詮釋者	290
行銷管理全球觀	600		國際企業與社會	250
服務業的行銷與管理	650		恐怖主義文化	300
餐旅服務業與觀光行銷	690		文化人類學	650
餐飲服務	590		文化基因論	出版中
旅遊與觀光概論	600		社會人類學	390
休閒與遊憩概論	600		血拼經驗	350
不確定情況下的決策	390		消費文化與現代性	350
資料分析、迴歸、與預測	350		全球化與反全球化	出版中
確定情況下的下決策	390		社會資本	出版中
風險管理	400			
專案管理師	350		陳宇嘉博士主編14本社會工作相關著作	出版中
顧客調查的觀念與技術	出版中			
品質的最新思潮	出版中		教育哲學	400
全球化物流管理	出版中		特殊兒童教學法	300
製造策略	出版中		如何拿博士學位	220
國際通用的行銷量表	出版中		如何寫評論文章	250
許長田著「行銷超限戰」	300		實務社群	出版中
許長田著「企業應變力」	300			
許長田著「不做總統，就做廣告企劃」	300		現實主義與國際關係	300
許長田著「全民拼經濟」	450		人權與國際關係	300
			國家與國際關係	300
社會學：全球性的觀點	650			
紀登斯的社會學	出版中		統計學	400

書名	定價		書名	定價
類別與受限依變項的迴歸統計模式	400		政策研究方法論	200
機率的樂趣	300		焦點團體	250
			個案研究	300
策略的賽局	550		醫療保健研究法	250
計量經濟學	出版中		解釋性互動論	250
經濟學的伊索寓言	出版中		事件史分析	250
			次級資料研究法	220
電路學（上）	400		企業研究法	出版中
新興的資訊科技	450		抽樣實務	出版中
電路學（下）	350		審核與後設評估之聯結	出版中
電腦網路與網際網路	290			
應用性社會研究的倫理與價值	220		書僮文化價目表	
社會研究的後設分析程序	250			
量表的發展	200		台灣五十年來的五十本好書	220
改進調查問題：設計與評估	300		２００２年好書推薦	250
標準化的調查訪問	220		書海拾貝	220
研究文獻之回顧與整合	250		替你讀經典：社會人文篇	250
參與觀察法	200		替你讀經典：讀書心得與寫作範例篇	230
調查研究方法	250			
電話調查方法	320		生命魔法書	220
郵寄問卷調查	250		賽加的魔幻世界	250
生產力之衡量	200			
民族誌學	250			